パワーエレクトロニクス学入門

入門

― 基礎から実用例まで ―

（改訂版）

河村　篤男

【編著】

横山　智紀・船渡　寛人
星　　伸一・吉野　輝雄
吉本貫太郎・小原　秀嶺

【共著】

コロナ社

初版のまえがき

　本書を書くことになったきっかけは，基礎パワーエレクトロニクス（ホフト先生原著，河村ほか訳，コロナ社，1988 年）の本が 10 刷を越えたので，新しい内容を追加して今後 20 年は使える新しいタイプの教科書を書きたいと提案したことに始まる。パワーエレクトロニクスのパイオニアであるホフト先生の教科書は，基礎を中心に，何年経っても古くならない内容を丁寧にまとめてあったので，20 年を越えるロングセラーとなった。著者もこの教科書で大学の講義を続けた一人である。1980 年代に米国ミズーリ大学でホフト先生と一緒に仕事をした著者とその研究室の卒業生でこのような教科書を書くことになるとは，感慨深いものがある。折しも，2008 年は，パワーエレクトロニクス生誕 51 年といわれている。1957 年に SCR（silicon controlled rectifier）が出現した年を元年とするからである。

　CO_2 削減や地球温暖化などの地球環境問題は，世界的な規模での関心事となっており，これを救う技術の一つが，パワーエレクトロニクスであるといわれている。この学問は，電気エネルギーをいかに有効に利用するかを追求するもので，省エネルギー（省エネ）技術といってもよい。言葉としても広く浸透している "インバータ" は，パワーエレクトロニクスの産物である。現代生活を楽しみながら，エネルギーを節約した生活を送り，持続可能な社会を作るには，パワーエレクトロニクスの技術は必須である。1 章の写真記事で紹介するように，蛍光灯照明，ハイブリッド車，新幹線，風力発電，インバータエアコン，あらゆる情報通信電気機器の電源装置などを含め，日常生活の中でパワーエレクトロニクスの恩恵を被っていないものはないといっても過言ではない。より一層の電化社会が到来すれば，パワーエレクトロニクス技術により，電気で物理的に動くものから，照明，通信，コンピュータ，IH 調理まで電気で静かに動くものまで，省エネで効率よく日常生活を支えることの重要性は増してくる。

この教科書は，電気，電子，情報系の2年生から3年生が初めてパワーエレクトロニクスを学ぶときに，入門書として基礎をわかりやすく説明することを念頭に置いて書いてある。電力増幅の考え方から始まり，直流-直流変換，インバータ，整流器の順で説明してある。1学期で教える場合は，14回程度の講義で完結するように工夫してある。また，章末問題には，その章で学んだことのほかに，PSIM での演習問題も含んでいる。一部のより詳しい解答などは（株）コロナ社の web ページ（https://www.coronasha.co.jp/）の本書関連ページで公開してある。さらに，この教科書の特徴として，最終章である7章に実用例紹介として，現場のエンジニアの視点から現実のパワーエレクトロニクス技術について書いていただいた。ここだけは内容が高度なものが多いが，現実の技術者の"わざ"を垣間見てほしい。特に，7.9節では，今，話題のパワーエレクトロニクス応用技術に関してまとめた。

　著者の数が5名になったが，2回の合宿と4回の会合を実施し，意識あわせを行った。大学の教員（元エンジニア，国内外大学教員経験者）と現エンジニアの多彩な経歴の組合せで異なる観点から原稿をまとめてある。また，著者らの人脈を利用して，いろいろな方々から写真や資料を提供していただいた。特に，写真を提供していただいた，原修次氏（JR東海（株）），山下哲司氏（東芝キャリア（株）），坂本潔氏（（株）日立製作所），松本康氏（富士電機アドバンストテクノロジー（株）），安田丈夫氏（東芝ライテック（株）），大森英樹氏（松下電器産業（株）），住吉眞一郎氏（松下電器産業（株）），および，写真と貴重な資料を提供していただいた寺谷達夫氏（トヨタ自動車（株））に厚く御礼申し上げる次第である。また，コロナ社の辛抱強い忍耐力のおかげでここまで仕上がった点も明記しておきたい。

　この本の内容に関して，忌憚なきご意見を賜れば，講義に反映してよりよい教育を目指すことができますので，ご意見があれば是非お寄せください。

2008年11月

著者代表　河村　篤男

改訂版のまえがき

　このまえがきを書いている時点で，東京 2020 オリンピックは 1 年遅れで開催され，日本は史上最大数のメダルを獲得した。かたや COVID-19 はまだ抑えきれておらず，地球温暖化の影響で熱い夏の祭典となった。ここ 1 年半は，空調の効いた空間で情報通信機器を利用したネット会議や，CO_2 を削減する電気自動車を次世代移動手段としたいという世界的な要請の高まりなどのように，電気エネルギーを利用する省エネ技術などを核として，人流，物流，情報流が急速に変化してきた。そして，パワーエレクトロニクスはこのように急変する現代社会の社会インフラを構成する基盤技術として必要不可欠となっている。

　2009 年に初版を発行し，おかげさまで 12 年間で 12 刷を発行するに到った。過去 12 年の間に，電気自動車が発売され，LED 照明は大幅に普及した。今後，新しいパワー半導体や再生可能エネルギー関連の新しい技術がますます発展していくと思われる。これからどのようにこの分野が発展しても，読者がこの教科書を使って，パワーエレクトロニクスの基礎を学習し，全体像を俯瞰することで将来にわたり広い視野を持って活躍できるようになってほしいとの意図をもって，新しい内容の追加・修正を行い改訂版を発行することになった。

　今回の主たる改訂は，4 章のインバータの章を大幅に再構成し，実用化が広まってきたマルチレベル電力変換技術の基礎をわかりやすく書き起こしたこと，および 7 章に最新の電気自動車の技術動向を加えたことである。これに伴い各分野の分野の専門家 2 名を著者に追加した。これ以外の修正は，1 章での写真の追加，2 章でのデバイスの追加説明，3 章での電力変換の概念図の追加，4 章での変調技術の追加説明，6 章でのマトリックスコンバータの追加説明，7 章でのディジタル制御機器や直流送電装置などの追加記述，付録での PSIM の追加・修正記述などである。

　この改訂の作業はすべてインターネットを使ったオンライン会議で行った。なお，この教科書に関して，忌憚のないご意見があれば，いつでも編集部までお知らせ下さいますようお願いします。

　2021 年 8 月末日

著者代表　河村　篤男

目　　　次

1. パワーエレクトロニクスの役割と基礎知識【河村】

2. 電力増幅と電力変換【船渡】

3. 直流-直流変換【船渡】

4. 直流-交流変換回路（インバータ）【星，小原】

5. 交流−直流変換回路（整流回路）【星】

6. 交流−交流直接変換回路【吉野，河村，小原】

7. システムとしてのパワーエレクトロニクス
【吉野，横山，河村，吉本】

【本書ご利用にあたって】
・本文中に記載している会社名，製品名は，それぞれ各社の商標または登録商標です。本書では Ⓡ や TM は省略しています。
・本書に記載の情報，ソフトウェア，URL は改訂版執筆時点のものを記載しています。
・章末問題の詳しい解答，本書で紹介している PSIM のサンプルプログラムなど，本書に記載できなかった情報を下記(株)コロナ社の web ページからダウンロードできます。ぜひご利用ください。
　　　https://www.coronasha.co.jp/np/isbn/9784339009804/

1. パワーエレクトロニクスの役割と基礎知識

本章では，パワーエレクトロニクスが暮らしの中でどのように役立っているのかをわかりやすく説明することを目標にする。パワーエレクトロニクスという学問の特徴とその内容の概説を述べ，ついで，各種応用例を紹介する。最後に，実効値，フーリエ級数など基本的な公式を述べておく。

1.1 パワーエレクトロニクスの役割

1.1.1 インバータ電車，ハイブリッド車，LED 照明

インバータ電車という名称で呼ばれるものが普及している。**インバータ**で直流の電気を交流に変えて，それをモータに印加して，電気エネルギーを運動エネルギーに変え，駆動力を得て，電車を走らせる。電車の速度に応じて，交流の周波数を変える必要があり，また，その振幅の大きさも制御する必要があるので，インバータでこれを行う。在来線だけでなく，新幹線の新しい車両（例えば，N 700 系）は，すべてインバータ電車である。その最大の特徴は，エネルギーの回生と呼ばれ，ブレーキをかけるときは，モータを発電機として使い，インバータを介して，その運動エネルギーを電気エネルギーとして回収できることである。こうすることにより，新幹線全体のシステムとしては，消費電気エネルギーを節約することができる。いわゆる，省エネと呼ばれている効果である。それまでは，ブレーキ時は，ディスクブレーキなどの機械的な摩擦力を用いて，発熱により，運動エネルギーを消費していた。ある意味では，エネルギーを浪費していたともいえる。2006 年度当時，東海道新幹線の 1 年間消費電気エネルギーは前年よりも減少したが，運行便数は前年よりも増加したと聞いている。

　もう少し詳しく考えると，新幹線の架線は交流であるので，インバータで回生して得られた直流電圧を，さらに，交流に変換して架線に戻す必要がある。これは，**PWM 整流器**で実現する。専門的な用語（インバータ，**周波数制御**，**振幅制御**，PWM 整流器）は，4 章，5 章で詳しく述べる。

　2007 年 12 月当時は，原油の値段が高騰しており，1 バレル当り 100 ドルに近づいていた。これを受けて，ガソリンの値段も上昇を続けているので，燃費の良い車が売れていると聞く。特に，ハイブリッド車という名称で売られている車は，インバータ・電気モータでの駆動系と従来型の内燃機関型の駆動系を組み合わせ，停止時からの駆動時はインバータ・モータで駆動し，走行速度が向上して，内燃機関エンジンの効率が良い回転数になると，こちらで駆動する。また，電車と同じように，減速時に，機械ブレーキを使わないで，運動エネルギーを発電により交流電気エネルギーに変換し，インバータを用いて，さらに，直流の電気に変換し，バッテリーに蓄える。いわゆる，エネルギー回生と呼ばれている。始動時には，この蓄えたエネルギーを利用する。全体として，省エネを実現し，燃費を向上させている。もう少し詳しく考えると，回生時にインバータの作った直流の電気を効率良くバッテリーに充電するために，直流の電圧を変化させるチョッパ回路と呼ばれるものが必要となってくる。また，高速域で駆動力を増加させるにはこのチョッパ回路は必須となる。専門的な用語（インバータ，チョッパ）は，3 章，4 章で詳しく述べる。

　照明器具のパワーエレクトロニクス化も進んでいる。一昔前は，蛍光灯のスイッチを入れても点灯するまでに時間がかかっていた。インバータを用いて数十 kHz の電圧を放電蛍光管に印加すると，瞬時に点灯し，また，電気エネルギーを光に変える効率も良いので省エネが実現できた。最近はさらに発光効率が良く，直流電圧で駆動できる LED 照明に変わりつつある。もう少し詳しく考えると，電力会社から供給される電気は 50 または 60 Hz なので，これを**整流器**で直流に変換し，必要な電圧に変換する必要がある。専門的な用語（直流-直流変換，インバータ，整流器）は，3，4，5 章で詳しく述べる。

　本書では，この例のように，電気エネルギーの形を変えて，省エネを実現し

たり，あるいは，いままでできなかった性能を実現したりする，"パワーエレクトロニクス"の基礎に関して順に述べていく。

1.1.2 電力変換の四つの形

電気エネルギーの形態を変化させる方法（電力変換）は，交流と直流の組合せを考えると4通り存在する。それぞれの変換に対して固有の名称が与えられている。**表1.1**に示したように，すでによく知られているインバータは，直流の電気を交流に変換するもので，交流の周波数，振幅，位相の三つを変化させることができ

表1.1 電力変換器の名称

電力変換の形	名　称
DC–DC 変換	スイッチングレギュレータ，チョッパ
DC–AC 変換	インバータ
AC–DC 変換	整流器（コンバータ）
AC–AC 変換	サイクロコンバータ，マトリクスコンバータ

る。直流の電気を異なる大きさの直流に変化させるものは，**DC–DC スイッチングレギュレータ**あるいは**チョッパ**と呼ばれている。前者は，スイッチング周波数が数百 kHz 以上で小電力用途であるのに対し，後者はスイッチング周波数が比較的低く大パワーであることが多い。整流器は，交流の電気を直流に変えるもので，インバータ動作の逆の動作をする。歴史的には，これが一番古く，通信機でも用いられるものである。インバータ動作も整流器動作もパワーの流れの方向が逆なだけであることから，二つをまとめて**コンバータ**と呼ばれることもある。最後の組合せは，交流を別の交流に変換するもので**サイクロコンバータ**あるいは**マトリックスコンバータ**と呼ばれている。これらの説明は，3章から6章で順次行う。

1.1.3 パワーエレクトロニクスの効果

1.1.2項で述べた四つの変換を行うパワーエレクトロニクスの効果は，用途によって二つ程度に大別できる。

一つ目は，エネルギーの有効利用と，その結果省エネの効果が得られる点である。インバータ電車やハイブリッド車の回生運転は，この例にあたる。イン

バータ駆動をしなくても車としての移動手段としての機能を満足しているが，燃費を向上させるインバータ駆動は，ユーザの希望であり，また，エネルギーの有効利用は地球温暖化防止などの意味で効果がある。細かく見ていけば，チョッパによるインバータの直流端子とバッテリー間のエネルギーマネジメントにより，省エネ効果はさらに高まる可能性がある。モータの種類を変え，あるいは，トルク制御を最適化することにより，システム効率はさらに向上する可能性がある。このように，パワーエレクトロニクス技術は，電化社会において，電気エネルギーを効率良く使う技術の基礎となるものである。

　二つ目の効果は，これまでできなかった機能を実現するためである。例えば，電気自動車の高速駆動性能向上などは，この例にあたる。これにより，トルク応答特性は，従来のガソリン車で実現できなかったような高速応答を実現できる。電気機器のワイヤレス化，例えば，コードレス掃除機はこの範疇に入る。バッテリーからモータ駆動までの高効率電力変換の技術により実現可能となり，さらに利便性も向上した。別の例では，ヒューマノイド型ロボットの実現が挙げられる。小型・軽量・高効率パワーエレクトロニクス技術に基づくアクチュエータの存在により，人間サイズのロボット，あるいはより小型のロボットが実現できたと考えられる。

1.1.4　パワーエレクトロニクスの要素分野

　パワーエレクトロニクス技術を構成する要素技術としては，**図1.1**に示すように，**スイッチングデバイス，回路，制御**の三つの分野が挙げられる。まず，スイッチングデバイスとしては，半導体のスイッチを用いるのでその技術が一つ目の核となる。スイッチを用いて，オン，オフの動作を行わせる。つぎに，電気回路にこのスイッチを入れた非線形回路を用いてインバータや整流器などを構成するので，回路技術が二つ目の核となる。最後に，この電力変換器を制御し，あるいは，これと負荷を組み合わせたものを制御するための制御部が三つ目に核となる。これらの分野は，単独でも発展してきた分野であるが，パワ

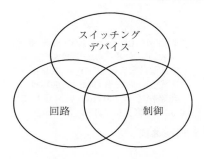

図 1.1　パワーエレクトロニクスを
構成する要素技術

ーエレクトロニクスではこれらの組合せ，および負荷の特性に応じた応用技術
により，独自の技術分野を形成している。これらに関して 2 章以降で説明する。

1.2　応用分野（動くもの，動かないもの）

　パワーエレクトロニクスの応用分野は動くものと動かないものの二つに大別
できる。すなわち，電力変換を行って電気エネルギーのまま利用する分野，お
よび，その電気エネルギーを運動エネルギーなどに変換して利用する分野であ
る。表にすると，**表 1.2** のようになるが，具体例として**図 1.2** に写真を掲げ
た。これらはほんの一例であり，身の回りにはパワーエレクトロニクスの応用
製品が数多く存在することに気づく。

表 1.2　パワーエレクトロニクス応用分野

★動くもの…主としてモータ駆動	
家　電	エアコン，冷蔵庫，洗濯機，掃除機など
オフィス機器	HDD，CD，プリンタなど
交　通	電気自動車，ハイブリッド電気自動車，電車，新幹線，エスカレータ，エレベータなど
産業用	工場内加工機械，産業用ロボット，クレーンなど
エンターテイメント	人間型ロボットなど
★動かないもの…主として電気エネルギー源	
電　源	直流電源（コンピュータや各種電気機器用，充電器），無停電電源，太陽光発電・系統連系，分散電源，風力発電など
産業用	直流送電，周波数変換，電力用アクティブフィルタなど
家　電	IH（調理用），照明など

東海道・山陽新幹線の最新車両。2007 年に営業運転を開始した。主変換装置は大容量 IGBT を 3 レベルで構成し，編成出力は 17 080 kW，最高運転速度 300 km/h を実現している。〔写真提供：JR 東海（株）〕

（a）　N700 系新幹線車両

初代は 1997 年 THS，新世代は 2003 年 THS−Ⅱとして販売開始。写真はニューヨーク国際オートショー出展車（2003.4）である。〔写真提供：トヨタ自動車（株）〕

（b）　世界初の量産ハイブリッド車プリウス

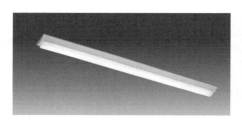

80 kHz インバータで点灯する蛍光ランプ。全光束は 60 W 白熱電球と同等の 810 lm（ルーメン），消費電力は 12 W。〔形名：EFA 15/12- R，写真提供：東芝ライテック（株）〕[5]

（c-1）　電球型蛍光ランプ

消費電力（直流駆動）を大幅に削減し，196 lm/W を実現。〔LED ベースライト TENQOO シリーズ，写真提供：東芝ライテック（株）〕

（c-2）　LED ベースライト

（d）　風力発電（北海道）

図1.2　パワーエレクトロニクスの応用例

コンピュータや半導体製造ラインなどの入力電源として用いられる UPS（無停電電源）では，より小型・高効率化が進められている。〔GX シリーズ 700 VA，写真提供：富士電機システムズ（株）〕

（e）　高効率な UPS

高周波インバータによって，加熱コイルに高周波電流を供給し，発生する磁界によって鍋を誘導加熱する IH クッキングヒータ。技術革新が進み，従来加熱できなかったアルミ鍋等の加熱を実現している。〔型名：KZ－VSW33E，写真提供：松下電器産業（株），現パナソニック（株）〕

（f）　IH クッキングヒータ

コードもなくし，また，モータの位置センサもない，レスレス掃除機（型名：CV－XG 20）。駆動系は PM モータのベクトル制御を実装，小型軽量化が実現〔写真提供：日立アプライアンス（株）〕

（g）　コードレス掃除機

室外制御器
（インバータユニット）

ルームエアコンを始めとする空調機は，省エネ性・快適性向上のため，インバータ装置を用いた能力可変が主力である。近年は圧縮機の高効率化でそのモータに希土類永久磁石を採用し，ベクトル制御が主流となっている。〔写真提供：東芝キヤリア（株）〕

エアコン用室外機への
インバータ搭載例

（h）　ルームエアコン用インバータユニット

図1.2　（つづき）

1.3 基 礎 知 識

パワーエレクトロニクスの勉強に必須な概念で，以下の章を理解するうえで
必要となる基本的な数式をまとめておく。

1.3.1 平均値と実効値

周期波形 $f(t)$ に対して，その周期を T とすれば，**平均値**（ave）と**実効値**
（rms）は，次式で与えられる。

$$[f(t)]_{ave} = \frac{1}{T} \int_{t_0}^{T+t_0} f(t)\,dt \tag{1.1}$$

$$[f(t)]_{rms} = \sqrt{\frac{1}{T} \int_{t_0}^{T+t_0} [f(t)]^2\,dt} \tag{1.2}$$

1.3.2 電   力

電圧 $v(t)$，電流 $i(t)$ が与えられたとき，瞬時電力 $p(t)$ と平均電力 P （ま
たは，有効電力）は次式で求められる。ただし，周期を T とする。

$$p(t) = v(t)\,i(t) \tag{1.3}$$

$$P = \frac{1}{T} \int_{t_0}^{T+t_0} v(t)\,i(t)\,dt \tag{1.4}$$

1.3.3 三相交流，線間電圧，相電圧

A 相の相電圧 V_A が式 (1.5) で与えられているとき，三相平衡している B お
よび C 相の相電圧 V_B および V_C と，AB 相間の線間電圧 V_{AB} は次式となる†。

$$V_A = V \cos \omega t \tag{1.5}$$

$$V_B = V \cos\left(\omega t - \frac{2}{3}\pi\right) \tag{1.6}$$

---

† 日本の電力会社では，三相の名称を RST 相，UVW 相，ABC 相と呼んで会社により
　記号が異なっている。変圧器を介する場合は，一次側（高圧側）を大文字で，二次側
　（低圧側）を小文字（例えば，rst 相など）で表記することが多い。

$$V_C = V \cos\left(\omega t - \frac{4}{3}\pi\right) \tag{1.7}$$

$$V_{AB} = \sqrt{3}\, V \cos\left(\omega t + \frac{1}{6}\pi\right) \tag{1.8}$$

1.3.4　フーリエ級数と歪率

　周波数 ω（周期 T）が与えられている，任意の周期波形 $f(\omega t)$ は，次式のようにフーリエ級数に展開できる。

$$f(\omega t) = A_0 + A_1 \cos \omega t + A_2 \cos 2\omega t + A_3 \cos 3\omega t + \cdots$$
$$+ B_1 \sin \omega t + B_2 \sin 2\omega t + B_3 \sin 3\omega t + \cdots \tag{1.9}$$

$$= A_0 + \sum_{n=1}^{\infty}(A_n \cos n\omega t + B_n \sin n\omega t) \tag{1.10}$$

ただし，係数 A_0，A_n，B_n は以下となる。

$$A_0 = \frac{1}{T}\int_0^T f(t)\,dt \tag{1.11}$$

$$A_n = \frac{2}{T}\int_0^T f(t)\cos n\omega t\,dt \tag{1.12}$$

$$B_n = \frac{2}{T}\int_0^T f(t)\sin n\omega t\,dt \tag{1.13}$$

変数を電気角で表現すれば，以下となる。

$$A_0 = \frac{1}{2\pi}\int_0^{2\pi} f(\omega t)\,d\omega t \tag{1.14}$$

$$A_n = \frac{1}{\pi}\int_0^{2\pi} f(\omega t)\cos n\omega t\,d\omega t \tag{1.15}$$

$$B_n = \frac{1}{\pi}\int_0^{2\pi} f(\omega t)\sin n\omega t\,d\omega t \tag{1.16}$$

　なお，フーリエ級数を求めるときは，周期波形 $f(\omega t)$ の対象性を利用すると便利である。また，以下の三つの性質は覚えておくと計算が簡単になる。

① 奇関数（$f(\omega t) = -f(-\omega t)$ のように原点まわりの点対称）のフーリエ級数の項は sin 項だけとなる。例えば，$\sin \omega t$ などの関数。

② 偶関数（$f(\omega t) = f(-\omega t)$ のように時刻 $t=0$ の関して対称）のフーリ

エ級数の項は，cos 項だけになる。例えば，cos ωt などの関数。

③ 半周期の対称性を持つ関数（$f(\omega t)=-f(\omega t+\pi)$）のフーリエ級数展開
では，奇数周波数の係数だけになる。例えば，cos ωt や sin ωt などの三
角関数。

【例題 1.1】 図 1.3 の方形波をフーリエ級数表現せよ。

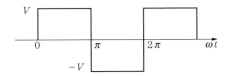

図 1.3 フーリエ級数展開の計算のための方形波

解答 図 1.3 に示したように $t=0$ の位置を決める。この波形は，奇関数の性質
を示しているので，sin 項だけが残る。さらに，半周期の対称性を持つので，奇数次
だけを計算すればよい。したがって，公式（1.16）を用いることにする。

$$B_{2n+1}=\frac{1}{\pi}\int_0^{2\pi}f(\omega t)\sin(2n+1)\,\omega td\omega t$$

$$=\frac{1}{\pi}\left[\int_0^{\pi}V\sin(2n+1)\,\omega td\omega t+\int_{\pi}^{2\pi}(-V)\sin(2n+1)\,\omega td\omega t\right]$$

$$=\frac{2V}{\pi}\left[\frac{-\cos(2n+1)\,\omega t}{2n+1}\right]_0^{\pi}$$

$$=\frac{4V}{\pi(2n+1)} \tag{1.17}$$

したがって

$$B_1=\frac{4V}{\pi},\ \ B_3=\frac{4V}{3\pi},\ \ B_5=\frac{4V}{5\pi},\ \ B_7=\frac{4V}{7\pi},\ \cdots \tag{1.18}$$

これをフーリエ級数展開の形で書くと以下となる。

$$f(\omega t)=\frac{4V}{\pi}\sin\omega t+\frac{4V}{3\pi}\sin3\omega t+\frac{4V}{5\pi}\sin5\omega t+\frac{4V}{7\pi}\sin7\omega t+\cdots \tag{1.19}$$

$\diamondsuit$

周期波形 $v(\omega t)$ が次式のフーリエ級数展開で表現される場合，全高調波歪
率（total harmonics distortion：THD）は以下で与えられる。

$$v(\omega t)=A_1\cos\omega t+A_2\cos2\omega t+A_3\cos3\omega t+\cdots$$

$$+B_1\sin\omega t+B_2\sin2\omega t+B_3\sin3\omega t+\cdots \tag{1.20}$$

$$\mathrm{THD} = \frac{\sqrt{\sum_{n=2}^{\infty} (A_n{}^2 + B_n{}^2)}}{\sqrt{A_1{}^2 + B_1{}^2}} \tag{1.21}$$

【**例題 1.2**】　図 1.3 の方形波の THD を求めよ。

解答　例題 1.1 の結果，式（1.19）より，基本波成分の実効値は，$4V/\sqrt{2}\,\pi$ となる。また，図 1.3 の波形の実効値は，式（1.2）の定義より，V となる。また，式（1.20）の両辺の実効値の計算より，次式が成立する。

$$\sqrt{2} \times v(\omega t) \text{ の実効値} = \sqrt{\sum_{n=1}^{\infty} (A_n{}^2 + B_n{}^2)}$$

これを使って，式（1.21）を整理すると，次式となる。

$$\mathrm{THD} = \frac{\sqrt{2 v_{rms}{}^2 - (A_1{}^2 + B_1{}^2)}}{\sqrt{(A_1{}^2 + B_1{}^2)}}$$

したがって，これまでの計算値を代入すると

$$\mathrm{THD} = \frac{\sqrt{2V^2 - (4V/\pi)^2}}{4V/\pi}$$

$$= \sqrt{\frac{\pi^2}{8} - 1} \qquad\qquad \diamondsuit$$

1.3.5　力　　　率

任意の電圧，電流波形が，次式のフーリエ級数展開で与えられるとき

$$v(\omega t) = \sum_{n=1}^{\infty} \sqrt{2}\, V_n \cos(n\omega t + \theta_n) \tag{1.22}$$

$$i(\omega t) = \sum_{n=1}^{\infty} \sqrt{2}\, I_n \cos(n\omega t + \theta_n + \phi_n) \tag{1.23}$$

基本波力率（displacement factor）と**総合力率**（total power factor）は以下で定義される。

$$\text{基本波力率：DPF} = \frac{V_1 I_1 \cos \phi_1}{V_1 I_1} = \cos \phi_1 \tag{1.24}$$

$$\text{総合力率：PF} = \frac{\sum_{n=1}^{\infty} V_n I_n \cos \phi_n}{\sqrt{\sum_{n=1}^{\infty} V_n{}^2}\sqrt{\sum_{n=1}^{\infty} I_n{}^2}} \tag{1.25}$$

章 末 問 題

【1】 パワーエレクトロニクスの応用分野を 10 個挙げよ。

【2】 パワーエレクトロニクスによって，これまでになかった機能を実現したものを五つ挙げよ。

【3】 正弦波周期波形 $f(t) = A \sin \omega t$ の平均値と実効値を求めよ。

【4】 電圧 $v(t) = V \cos \omega t$，電流 $i(t) = I \cos(\omega t + \phi)$ が与えられたとき，瞬時電力 $p(t)$ と平均電力 P を求めよ。また，平均電力を実効値で表現せよ。

【5】 直流電圧 $v(t) = E$，直流電流 $i(t) = I$ が与えられたとき，瞬時電力 $p(t)$ と平均電力 P を求めよ。

【6】 抵抗器（抵抗値 R）に（A）交流電流 $i(t) = I \sin \omega t$，および（B）直流電流 $i(t) = I$ が流れている場合の瞬時電力 $p(t)$ と平均電力 P を求めよ。また，平均電力を実効値で表現せよ。

【7】 フーリエ級数の係数を表す式（1.11）から式（1.16）が成り立つことを証明せよ。

【8】 図 1.4 の波形の高調波成分を求めよ。

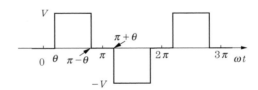

図 1.4　幅が θ だけ狭い方形波

【9】 図 1.4 の波形の THD を求めよ。

2. 電力増幅と電力変換

　本章では，電力変換の概念を示すとともに，電力を加工するという機能が同じである電力増幅回路との比較を行い，電力変換回路の本質に迫る。電力の加工とは，ある電圧・電流の形態を持つ電力を，別の形態の電圧・電流に加工することであり，電力変換と電力増幅は優先とする性能が異なるだけであることを示す。究極の電力変換器は電力変換と電力増幅の機能を完全に併せ持つ装置である。高効率の電力変換を実現するためには電力をスイッチのオンオフだけで制御する必要性を説明し，その基本回路と電気的特性を学習する。また，電力変換回路にスイッチとして用いられる半導体スイッチの機能と種類について述べる。

2.1　電力増幅と電力変換の相違点と共通点

　オーディオアンプについて考える。アンプとは「増幅」の意味であるからなにかを大きくするものである。例えば，図2.1（a）に示すように人の声をマイクで拾い，増幅してスピーカーから出力する場合を考える。音声は空気の振動であり，マイクにより電気信号に変換される。マイクから出力される電気信

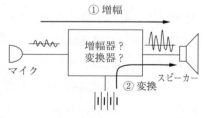

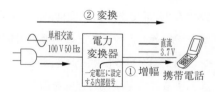

（a）　オーディオアンプでマイクの　　　　　（b）　商用電源から携帯電話を充電する
　　　 音声を増幅する

図2.1　増幅器と変換器

号は小さなパワーしか持たないため，電力増幅器で電圧や電流が原信号と同じ形で大きなパワーを持つように増幅される。十分なパワーを持った電気信号でスピーカーを駆動すると大きな音（＝空気の振動）が再現される。ここで，出力されるスピーカーのパワーはどこから来るのだろうか？　それは，電源から供給されるのであり，例えば電池で駆動するアンプの場合，大きな音を出す（＝パワーを必要とする）ほど電池の消費が早い。つまり，パワーの観点から見ればスピーカーから出力される音のパワーは電源（この場合は電池）から供給される。つまり，電力増幅器は信号から出力までを考えると増幅回路であるが，パワーの供給面から見ると電池という直流電圧源を音声信号に忠実な交流電圧に変換したと見ることができる。このように，**電力増幅**はある信号に忠実な形の電力を生成するという立場（① のライン）から見た機能であり，電力供給という立場（② のライン）から見ると**電力変換**という機能を実現していることになる。一方，図（b）は携帯電話の充電器であり，交流 100 V を数 V から 10 数 V 程度の直流電圧に変換している。この機能を見ると電力変換器といえるが，内部には出力したい電圧の基準値を持っていて，入力が変動しても出力電圧は一定値になるような動作を行う。基準信号通りの直流電圧を出力するという点から見ると，電力増幅器ともいえる。

　ここで，電力増幅器と電力変換器はまったく同一の装置かというとそうではない。電力増幅器は忠実に信号を増幅する機能に主眼を置いており，そのためには電力の**変換効率**の向上が最優先課題ではない。オーディオアンプが代表例であり，例えば正弦波を増幅する場合，A 級増幅器の電力変換理論効率は最大でも 25 ％ であり，大変低い。それに対して電力変換器は効率優先であり，電力増幅器と比較すると忠実度は最優先とはならない。例えば，家庭用エアコンは熱交換を行う冷媒を圧縮するコンプレッサを駆動する交流電動機を可変速運転することで冷暖房強度を調整することができる。この場合，多少のリプルや波形の歪みは冷房能力に影響しない。しかし，オーディオアンプにおいて波形の歪みは音質に直接的に影響する。電力変換器の性能向上に伴い，これまで電力増幅器の領域であったオーディオアンプにも電力変換器と同一の**スイッチ**

ング技術が用いられ始めている。その意味では，高効率で望む任意の電力が忠実に出力することができれば，良質な電力増幅器であり高性能な電力変換器であるといえる。今後は，電力増幅器と電力変換器の統合が進んでいくであろう。

2.2　可変抵抗を用いた電力変換の原理とその効率

図 2.2 のように電力変換器の入出力電力を考えた場合，変換器の**効率** η は次式で定義することができる。

$$\eta = \frac{P_{\text{out}}}{P_{\text{in}}} = \frac{P_{\text{in}} - P_{\text{loss}}}{P_{\text{in}}} = \frac{P_{\text{out}}}{P_{\text{out}} + P_{\text{loss}}} \tag{2.1}$$

効率は一般的にパーセント表示をする。電力変換の立場からいえば，効率 100 ％ が理想である。ここで，入力電力 P_{in}，出力電力 P_{out} や損失 P_{loss} が周期的に時間変化する場合は 1 周期平均を考える。まず，抵抗を用いた電力変換とスイッチを用いた電力変換について損失と効率を考えてみよう。ここでは，統一した条件で比較するために直流 12 V を 5 V に変換する場合を考える。

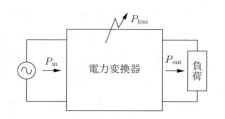

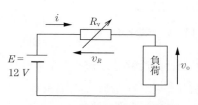

図 2.2　電力変換器の入出力電力 図 2.3　可変抵抗の電圧降下を利用した電力変換回路

最初に思いつく電力変換回路は**図 2.3** に示すような可変抵抗の電圧降下を利用して直流電圧 E をそれより小さい電圧に変換する回路であろう。出力電圧 v_0 を 5 V にするためには可変抵抗の電圧降下を 7 V に調整すればよい。抵抗の電圧降下は流れる電流によって変化するから負荷電流に応じて抵抗を調整する。例えば負荷に流れる電流を 2 A とすると，この回路においては電源から出る電流，可変抵抗を流れる電流，負荷に流れる電流は同一であるから効率 η

は以下のように計算することができる。

$$\eta = \frac{P_{\text{out}}}{P_{\text{in}}} = \frac{5 \times 2}{12 \times 2} = \frac{10}{24} = 41.7\,\% \tag{2.2}$$

このように，抵抗の電圧降下を利用した電力変換は低効率であることがわかる。

2.3　スイッチを用いた電力変換の原理とその効率

2.3.1　理想スイッチによる電力の変換

理想スイッチとは，**図 2.4** に示すようにオフ時には完全に電流を遮断してゼ

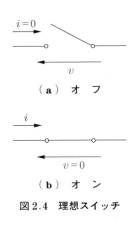

（a）オ　フ

（b）オ　ン

図 2.4　理想スイッチ

ロとなり，オン時には短絡（＝スイッチ両端の電圧がゼロ）となるものである。スイッチにおける電力消費は $p = i \times v$ であるので，オフ時には流れる電流がゼロとなり，オン時にはスイッチ両端の電圧がゼロとなるためスイッチの消費電力はつねにゼロとなる。

　ここで，**図 2.5**（a）のように抵抗の代わりに図2.4 のスイッチを入れた回路を考える。負荷が抵抗の場合を考え，スイッチを図（b）のように一定の周期でオンオフを繰り返す。スイッチがオン時には

負荷に直流電圧 E がそのまま出力され，スイッチがオフ時には負荷に電流が流れないため負荷の電圧はゼロとなる。つまり，スイッチのオンとオフの比率を変えれば平均的な負荷電圧を調整することが可能となる。

　いま，図2.5（b）のようにスイッチオンオフの周期（スイッチング周期と呼ぶ）を T_{sw}，スイッチがオンの期間を T_{on}，スイッチがオフの期間を T_{off} としたときの平均負荷電圧を求めよう。スイッチがオフのときは負荷電圧がゼロであるからその平均電圧 V_{av} は次式となる。

$$V_{\text{av}} = \frac{T_{\text{on}}}{T_{\text{sw}}} E \tag{2.3}$$

ここで，スイッチング周期に対するオン期間を**デューティ比** d と定義すると

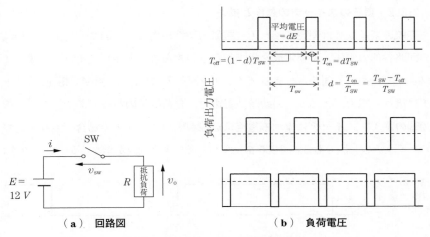

（**a**）　回路図　　　　　（**b**）　負荷電圧

図2.5　**スイッチによる電圧の変換**

$$d = \frac{T_{\mathrm{on}}}{T_{\mathrm{sw}}} \tag{2.4}$$

よって $V_{\mathrm{av}} = dE$ となる。したがって，スイッチング周期にかかわらずデューティ比を変えることで平均電圧を調整することが可能であることがわかる。これは**デューティ比制御**または**パルス幅変調**（**PWM**：pulse width modulation）**制御**と呼ばれ，電力変換回路の制御では広く用いられている。12 V を 5 V に変換することを例に取ると，デューティ比 $d = 5/12 = 0.417$ とすればよい。また，理想スイッチの電力はつねにゼロのため，スイッチ部分の損失がゼロで効率が 100 % となる。

　このように，スイッチのオンオフで電力を変換すれば高効率の電力変換装置を実現することができる。しかし，現実にはこのような理想スイッチは存在しない。実際のスイッチではどのような損失が発生して，電力変換回路の効率がどの程度になるのか次項以降で検討する。さらに，実用上は平均電圧の制御が可能でも，方形波状に変動する電圧では困ることが多い。一定の直流や正弦波に近い波形を得るためには工夫が必要である。このような実用的な回路については 3 章以降で学ぶ。

2.3.2 実際のスイッチの動作と損失

実際のスイッチは理想スイッチと電気的特性が異なる。**図 2.6** は図 2.5（ a ）の回路各部の電圧および電流を観測したものである。上からスイッチをオンオフさせるために外部から与えるスイッチング信号，スイッチ両端の電圧，スイッチに流れる電流，スイッチの瞬時消費電力，負荷抵抗の電圧である。スイッチ両端の電圧とスイッチに流れる電流は点線が理想スイッチの場合，実線が実際のスイッチの一例である。図 2.6 を見ながらどのような点が異なるか考えてみる。

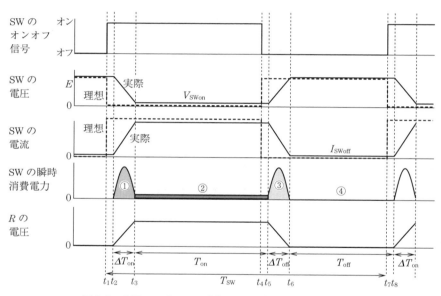

図 2.6   実際のスイッチの動作とスイッチによる損失の発生

ⅰ）スイッチのオンオフ信号への応答

　　図 2.6 において，時刻 t_1 でスイッチ信号をオン，t_4 でスイッチ信号をオフとする。

　理想のスイッチ：スイッチング信号と同時にオンまたはオフとなる。

　実際のスイッチ：スイッチのオフからオンまたはオンからオフへの変化に
　　　遅れが生じ，図 2.6 では t_2 または t_5 から切り替わり始める。

ⅱ）スイッチ移行時の動作

　理想のスイッチ：オフ→オン，オン→オフの切替りは瞬時に行われる。

　実際のスイッチ：スイッチのオフからオン，オンからオフへの移行に一定
　　の時間がかかる（図 2.6 中 $t = t_2 \sim t_3$ または $t_5 \sim t_6$）。移行に際して電圧
　　がどのように変化するかはスイッチの電気的特性によって決まるが，こ
　　こでは直線状に変化すると仮定する。

ⅲ）　オン時の電圧

　理想のスイッチ：スイッチオン時は両端の電圧がゼロ。つまり抵抗ゼロ
　　（完全短絡）と等価。

　実際のスイッチ：ゼロとならずに小さな電圧 V_{swon} の電圧降下が残る（図
　　2.6 中 $t = t_3 \sim t_4$ の領域）。

ⅳ）オフ時の電流

　理想のスイッチ：オフ時の電流がゼロとなる。つまり抵抗無限大（完全開
　　放）と等価。

　実際のスイッチ：オフ時の電流はゼロとならずに小さな電流 I_{swoff} が流れ
　　る（図 2.6 中 $t = t_6 \sim t_7$ の領域）。しかし，一般的にオン時の電流と比較
　　して非常に小さく，無視してもよい場合が多い。

　図 2.6 上から 4 番目のグラフはスイッチにおける瞬時消費電力を示す。つま
り，この面積がスイッチ部分で消費されるエネルギーであり，電力変換器の損
失の主要因となる。図中 ①，③ の部分はスイッチがオフからオン，オンから
オフへ切り替わるときの電力であり瞬間的に大きな電力消費が発生する。**図
2.7** にオフ→オン時の拡大図を示す。この図において，オン時の電流を I_{swon}，
電圧をゼロ，一方，オフ時の電圧を V_{swoff}，電流をゼロ，また，切替え時間を
ΔT_{on}，電圧電流の変化は直線状であると近似すると，電流と電圧の式は以下なる。

$$i = \frac{I_{\mathrm{swon}}}{\Delta T_{\mathrm{on}}} t \tag{2.5}$$

$$v = \frac{V_{\mathrm{swoff}}}{\Delta T_{\mathrm{on}}} (\Delta T_{\mathrm{on}} - t) \tag{2.6}$$

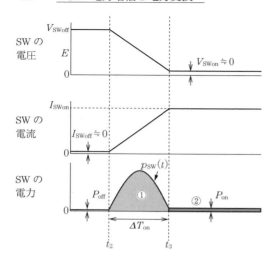

図2.7　スイッチ移行時における損失の発生

ここで，上式でスイッチの状態変化開始時の時刻を $t=0$ とした切替り時のエネルギー W_{sw}（図2.7①の面積）を求めると式（2.7）となり，スイッチ状態の変化1回当りこれだけの損失が発生することになる。

$$W_{\mathrm{sw}}=\int_0^{\Delta T_{\mathrm{on}}} v \cdot i\, dt=\int_0^{\Delta T_{\mathrm{on}}} \frac{I_{\mathrm{SWon}} V_{\mathrm{SWoff}}}{\Delta T_{\mathrm{on}}{}^2} t\,(\Delta T_{\mathrm{on}}-t)\, dt=\frac{I_{\mathrm{SWon}} V_{\mathrm{SWoff}}}{6}\Delta T_{\mathrm{on}} \quad (2.7)$$

スイッチがオン→オフへ切り替わるときも $\varDelta T_{\mathrm{on}}$ が $\varDelta T_{\mathrm{off}}$ になるだけで同様の式が成り立つ。

2.3.3　スイッチを用いた電力変換回路の効率

実際の電力変換回路では図2.6のような損失発生が**図2.8**のように繰り返される。ここでは，スイッチは一定周期でオンオフを繰り返し，1秒当りのスイッチ回数である**スイッチング周波数**を f_{sw}〔Hz〕と仮定する。

まず，スイッチ1回当りの損失 W〔J〕を求めてから，回路の平均損失を求めよう。W は図2.6，図2.8に示す①〜④各部の面積の合計であるから，それぞれ①〜④の領域別に以下のように計算される。

①スイッチがオフからオンへ移行するとき（**ターンオン**）

式（2.5）からこの部分の損失 W_1〔J〕は次式で与えられる。この損失を**ターンオン損失**と呼ぶ。

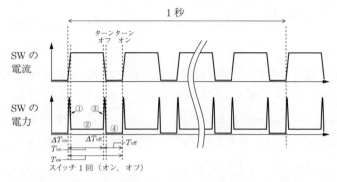

図2.8 平均損失の計算 （1回当りの損失 W〔J〕$\times f_{sw}$ 回$=P_{loss}$〔W〕）

$$W_1 = \frac{I_{SWon}\, V_{SWoff}}{6} \Delta T_{on} \tag{2.8}$$

② スイッチがオンのとき

この区間では常時 $I_{SWon} V_{SWon}$ の電力が消費される。この区間の時間は T_{on} であるから，損失 W_2〔J〕は次式で与えられる。この損失を**定常オン損失**と呼ぶ。

$$W_2 = I_{SWon}\, V_{SWon}\, T_{on} \tag{2.9}$$

③ スイッチがオンからオフへ移行するとき（**ターンオフ**）

①と同様に，この部分の損失 W_3〔J〕は次式で与えられる。この損失を**ターンオフ損失**と呼ぶ。

$$W_3 = \frac{I_{SWon}\, V_{SWoff}}{6} \Delta T_{off} \tag{2.10}$$

④ スイッチがオフのとき

この区間では常時 $I_{SWoff} V_{SWoff}$ の電力が消費される。この区間の時間は T_{off} であるから，損失 W_4〔J〕は次式で与えられる。この損失を**定常オフ損失**と呼ぶ。

$$W_4 = I_{SWoff}\, V_{SWoff}\, T_{off} \tag{2.11}$$

以上の損失を足した $W = W_1 + W_2 + W_3 + W_4$ がスイッチで消費されるスイッチ1回当りの損失となる。スイッチング周波数を f_{sw}〔Hz〕とすると1秒間にオンオフの繰返しが f_{sw} 回あることになる。1秒当りの損失が平均消費電力 P_{loss}〔J/s＝W〕であるから，P_{loss} は次式で求めることができる。

$$P_{loss} = W \cdot f_{sw} = (W_1 + W_2 + W_3 + W_4) f_{sw}$$

$$= \left\{ \frac{I_{\mathrm{SWon}} V_{\mathrm{SWoff}}}{6} (\varDelta T_{\mathrm{on}} + \varDelta T_{\mathrm{off}}) + I_{\mathrm{SWon}} V_{\mathrm{SWon}} T_{\mathrm{on}} + I_{\mathrm{SWoff}} V_{\mathrm{SWoff}} T_{\mathrm{off}} \right\} f_{\mathrm{SW}}$$

$$(2.12)$$

式 (2.4) で定義したデューティ比を用いて式 (2.12) を変形してみよう。ただし，いまスイッチのオンオフ1周期を T_{SW} とすると，$f_{\mathrm{SW}} = 1/T_{\mathrm{SW}}$ であるから $d = T_{\mathrm{on}}/T_{\mathrm{SW}} = T_{\mathrm{on}} f_{\mathrm{SW}}$ となる。また，$T_{\mathrm{off}} = T_{\mathrm{SW}} - T_{\mathrm{on}}$ の関係から，$T_{\mathrm{off}} f_{\mathrm{SW}} = (T_{\mathrm{SW}} - T_{\mathrm{on}}) f_{\mathrm{SW}} = 1 - d$ となる。したがって損失 P_{loss} は式 (2.13) のようになる。

$$P_{\mathrm{loss}} = \frac{I_{\mathrm{SWon}} V_{\mathrm{SWoff}}}{6} (\varDelta T_{\mathrm{on}} + \varDelta T_{\mathrm{off}}) f_{\mathrm{SW}} + d I_{\mathrm{SWon}} V_{\mathrm{SWon}} + (1-d) I_{\mathrm{SWoff}} V_{\mathrm{SWoff}}$$

$$(2.13)$$

ここで，第1項はターンオン損失とターンオフ損失の和，つまりスイッチの切替り時に発生する損失であり1秒間にスイッチング周波数の回数発生する。この損失を**スイッチング損失**と呼ぶ。第2項と第3項は，それぞれ定常オン損失，定常オフ損失であり，回路に流れる定常的な電流とスイッチの電圧により発生する損失で，デューティ比に依存して発生することを示している。スイッチング損失はスイッチング周波数に依存するが，定常オン損失と定常オフ損失はスイッチング周波数に依存しないことに注意しよう。以上，損失の発生メカニズム別に損失の特性をまとめると**表2.1**のようになる。

ここで，実際のスイッチにおける損失がどの程度になるか計算してみる。

表 2.1　発生メカニズム別損失の特性

1. 定常オン損失
- スイッチがオン時に流れる電流によって発生
- オン時の電流に比例
- スイッチングデバイスのオン電圧に比例
- スイッチのデューティ比に比例
- スイッチング周波数とは原則無関係

2. 定常オフ損失
- スイッチがオフ時に流れる電流によって発生
- オフ時の電圧に比例
- スイッチングデバイスのオフ電流に比例
- スイッチのデューティ比を d とすると，$(1-d)$ に比例
- スイッチング周波数とは原則無関係

3. スイッチング損失
- スイッチのオンオフ移行の過渡時に発生
- オフ時の電圧に依存
- オン時の電流に依存
- スイッチの移行時間に依存
- スイッチング周波数に比例
- デューティ比とは通常無関係

【**例題 2.1**】 図 2.5（a）の回路で，電源電圧 $E=12$ V，負荷抵抗を 1 Ω と する。スイッチング周波数を $f_{sw}=20$ kHz，出力電圧の平均値を 5 V とするた めにデューティ比を $d=0.417$ に設定する。スイッチのオン電圧 $V_{swon}=0.1$ V，オフ電流 $I_{swoff}=100$ μA であり，スイッチの切替え時間はターンオン，タ ーンオフ時ともに等しく $\Delta T_{on}=\Delta T_{off}=\Delta T=100$ ns であった。このときのス イッチの損失と回路の効率を求めよ。

解答 損失の発生要因がわかるように式（2.13）の項別に計算する。まずはじめ に，オン時の電流 I_{swon} を計算する。負荷抵抗の両端にかかる電圧は $E-V_{swon}$ であ るから，以下のように計算できる。

$$I_{swon}=\frac{E-V_{swon}}{R}=\frac{12-0.1}{1}=11.9 \text{ A} \tag{2.14}$$

オフ電圧 $V_{swoff}=12$ V は，オフ時に流れる電流は 100 μA であるから，このときの負荷 抵抗の電圧降下は 100 μV となるが 12 V と比べて十分小さいため $V_{swoff}=12$ V と近似 してよい。

つぎに，式（2.13）の第 1 項目のスイッチング損失 P_{sw}，第 2 項の定常オン損失 P_{on}，第 3 項の定常オフ損失 P_{off} を計算するとそれぞれ次式のようになる。

$$P_{sw}=\frac{I_{swon}V_{swoff}}{6}(\Delta T_{on}+\Delta T_{off})f_{sw}$$

$$=\frac{11.9\times12}{6}(100\times10^{-9}+100\times10^{-9})\times20\times10^{3}≒0.095\,2 \text{ W} \tag{2.15}$$

$$P_{on}=dI_{swon}V_{swon}=0.417\times11.9\times0.1≒0.496 \text{ W} \tag{2.16}$$

$$P_{off}=(1-d)I_{swoff}V_{swoff}=0.583\times100\times10^{-6}\times12≒7.00\times10^{-4} \text{ W} \tag{2.17}$$

比較するとわかるように，定常オフ損失 P_{off} はほかの損失と比較して非常に小さい。 すべての損失 P_{loss} を計算すると，$P_{loss}=P_{sw}+P_{on}+P_{off}≒0.592$ W となる。

つぎに効率を計算する。電源から供給される電力 P_{in} はスイッチがオンしていると きは $E\cdot I_{swon}=12\times11.9$ W であり，スイッチがオフしているときは $E\cdot I_{swoff}=12\times 100\times10^{-6}$ W である。オン，オフそれぞれの状態が全体から見てデューティ比分で分 配されるから，P_{in} は

$$P_{in}=12\times11.9\times0.417+12\times100\times10^{-6}\times0.583$$

$$=59.5+7.00\times10^{-4}≒59.5 \text{ W} \tag{2.18}$$

となる。この式からわかるとおり，オフ時の供給電力は無視できるほど小さい。最 後に，効率 η を計算すると次式のようになる。

$$\eta = \frac{P_{\text{out}}}{P_{\text{in}}} = \frac{P_{\text{in}} - P_{\text{loss}}}{P_{\text{in}}} = \frac{59.5 - 0.592}{59.5} \fallingdotseq 0.990 = 99.0\,\% \tag{2.19}$$

このように，非常に高い効率となる。これまでの計算で，定常オフ損失を無視しても P_{loss} が 0.592 W から 0.591 W へ変化するだけで，最後の効率計算においては有効数字を 3 桁に取ると影響がない。このように通常は，定常オフ損失などのスイッチのオフ電流にかかわる損失は無視しても大勢に影響はない。実際のスイッチとしては後述の 2.4 節のように半導体スイッチが用いられるため，上記の計算で用いたオン電圧などのパラメータは，実際のスイッチに近いパラメータを用いている。ただし，スイッチによってはオン電圧が流れる電流によって変化するため一定とはならない場合や，各パラメータが温度によって変化するような場合がある。また，使用するスイッチや回路によってはスイッチ移行時の電圧電流波形が図 2.7 と異なる場合があり，その場合，損失の計算式は当然，式 (2.12) と違うものとなる（章末問題【5】参照）。　　　　　　　　　　　　　　　　　　　　　　　　◇

2.4　スイッチとして用いる半導体デバイス

2.3 節でスイッチによる電力変換の原理について学んだ。電力変換回路で用いられるスイッチには，以下のような特性を必要とする。

① 高速でオンオフ可能なこと

② オン電圧・オフ電流が低いこと

③ 多数回のスイッチに耐えること

④ 電気的にオンオフが制御可能であること

この条件を満たすスイッチとしては，トランジスタをはじめとする半導体デバイスが適任であり，種々のデバイスが用いられる。以下，その機能や分類について説明する。

2.4.1　スイッチの機能と分類

まず，スイッチを機能別に分類する。**図 2.9** に理想スイッチの回路図を示す。スイッチとは開放（オフ）と短絡（オン）を切替え可能な回路素子である。スイッチがオフであるということは開放なので理想的には電流がゼロとなる。そのときのスイッチ両端電圧（v）と電流（i）の特性を vi 平面上で考えると，

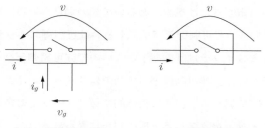

（**a**） **制御端子付き**　　　（**b**） **制御端子なし**

図 2.9　理想スイッチ

図 2.10（a）太線のように v 軸上の直線となる。一方，スイッチがオンであるということは短絡なので理想的には電圧がゼロとなる。そのときのスイッチ両端電圧と電流の特性を考えると，図 2.10（b）太線のように i 軸上の直線となる。つまり，理想スイッチとは図 2.10 の（a）と（b）の電圧-電流特性を切り替えるデバイスだということになる。その切替え方法としては図 2.9（a）のようにスイッチとしてオンオフしたいパワーを扱う端子（以下，パワーを扱う回路を**主回路**と呼ぶ）と別の制御端子で制御する（制御端子付き）デバイスと，図 2.9（b）のように制御端子が存在せず，主回路の状態でスイッチの状態が決まるデバイスに分類される。図（a）のような制御端子付きのデバ

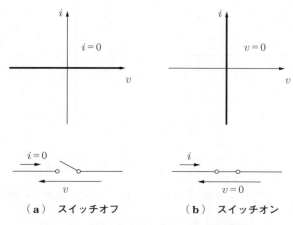

（**a**）　**スイッチオフ**　　　（**b**）　**スイッチオン**

図 2.10　理想スイッチの動作と電圧-電流特性

イスは外部信号（電圧または電流，あるいは光の場合もある）でスイッチの状態を制御可能であるので**可制御デバイス**あるいは**可制御スイッチ**と呼ぶ。一方，図（b）のようなスイッチは制御端子がないので**非可制御デバイス**あるいは**非可制御スイッチ**と呼ぶ。非可制御デバイスではスイッチのオンオフは主回路の電圧・電流によって異なる。例えば具体的にダイオードでは電流が負になろうとしたときにスイッチがオフして，電圧が正になろうとしたときにオンする。

　可制御デバイスはオフからオン（ターンオン）とオンからオフ（ターンオフ）どちらも制御可能な**オンオフ可制御デバイス**と，ターンオンのみ制御端子から制御可能でターンオフは制御端子から制御不可能な**オン可制御デバイス**に分かれる。これらの制御端子の構造と制御機能によるスイッチの分類を**表 2.2** に示す。また，スイッチが許容する電圧，電流の方向でも分類することができる。

表 2.2　制御端子の構造と制御機能によるスイッチの分類

スイッチの機能分類	制御端子付き		制御端子なし
	オンオフ可制御	オン可制御	非可制御
オフ→オン	○	○	×
オン→オフ	○	×	×

○ 制御端子から制御可能，　× 制御端子から制御不可能

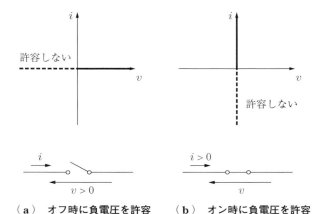

（a）　オフ時に負電圧を許容しないスイッチ　　（b）　オン時に負電圧を許容しないスイッチ

図 2.11　スイッチの許容する電圧-電流

スイッチによっては一方向の電圧しか許容せず，逆電圧を加えてはいけない場合がある。また，電流についても一方向の電流しか流せないスイッチもある。この場合，**図 2.11** のように電圧電流特性上，許容しない領域が存在する。

スイッチとしては金属接点による**機械スイッチ**が最も一般的である。小さなパワーの信号で制御可能な機械スイッチとしてはリレーがある。リレーは電磁石で機械スイッチをオンオフさせるデバイスで，基本的には人の指で切り替えるスイッチの人力を電磁石に置き換えたものである。機械スイッチは以下のような特徴がある。

① オン時のオン抵抗，オフ時の漏れ電流ともに非常に小さい

② 機械的な運動を利用するのでスイッチの切替えに時間がかかり，繰返し周期に制限がある

③ 寿命が比較的短い

電力変換回路に用いる場合に，最も問題となるのが繰返し周期の制限と寿命である。例えば，比較的頻繁にオンオフが繰り返されるキーボード用長寿命押

☕ 機械スイッチと半導体スイッチ ☕

機械スイッチは本文で説明したとおり長くて 100 万回程度の寿命である。オンオフ一組を 1 回と数えて，寿命が 100 万回だと仮定してどの程度長持ちするのか考えてみよう。

一般的に，電力変換器のスイッチング周波数は数 kHz から数百 kHz 程度である。スイッチング周波数が 10 kHz と仮定すると，スイッチ回数が 100 万回だからスイッチの寿命時間 T_{life} は

$$T_{\text{life}} = \frac{100 \, \text{万回}}{10 \, \text{kHz}} = \frac{100 \times 10^4}{10 \times 10^3} = 100 \, \text{秒} = 1 \, \text{分} \, 40 \, \text{秒}$$

となる。このように，とても実用にはならないような時間となる。

人が操作しない長寿命の機械スイッチとしては，直流電動機のブラシと整流子が代表的である。直流電動機のブラシと整流子は，界磁と電機子電流がつねに直交するように回転角に応じて電流の経路を切り替えている。じつは，ブラシと整流子は機械的に動作するインバータ（後述するように，直流を交流に変換する電力変換器）だとみなすことができる。しかし，機械的な回転・接触を伴うため清掃・交換などの定期的メンテナンスが必要となる。

しボタンスイッチでも繰返し回数が 100 万回程度で寿命となる。電力変換回路のような大電力を扱う場合はさらに寿命が短くなる。機械接点を利用しないスイッチとしては，空間中の電子を利用した電子管が比較的早く実用化され，二極真空管や水銀整流器が過去に用いられた。しかし，電力変換器の普及には半導体スイッチの出現を待たなければならなかった。ここからはスイッチして用いられる代表的なデバイスについてその電気的特性を説明する。

2.4.2　スイッチの移行条件と維持条件

スイッチがオンやオフに移行する条件はスイッチごとに異なるが，これらの条件を知っておくと，電力変換回路の動作を知るうえで役に立つ。まず身近な機械スイッチを例に考えてみよう。例えば，照明をオンにする際のスイッチを考えてみる。一般的なスイッチでは照明のスイッチを入れるということはスイッチをオン側に倒す，つまりオン側に力を加えて移動させるということになる。一旦，力を加えるとスイッチはオン側に移動してそのまま維持される。オフにする場合も同様である。つまり，スイッチを切り替えるための移行条件とその状態を維持するために維持条件をまとめると，つぎのようになる。

移行条件：オン（オフ）側に力を加えてスイッチを倒す

維持条件：なにもしない

それに対して，レーザーポインタの照射スイッチなどに用いられるような押している間だけスイッチが入る押しボタンスイッチの場合は，オンを維持するにはスイッチを押し続ける必要がある。移行条件と維持条件をまとめるとつぎのようになる。

・オフ→オン移行条件：スイッチを押す

・オン維持条件：スイッチを押したままにする

・オン→オフ移行条件：スイッチから手を離す

・オフ維持条件：なにもしない

以下，電子的なスイッチングデバイスについてもこのようなスイッチ移行条件と維持条件を含めてその機能を分類していく。

2.4.3 ダ イ オ ー ド

ダイオードは図2.12（a）に示すように一般的に半導体の pn 接合または金属と半導体の接合で構成される。回路記号は図（b）の通りである。ダイオードは制御端子を持たない非可制御デバイスであり，主回路の電圧電流でスイッチの状態が決まる。**図2.13**に理想ダイオードの動作と電圧-電流特性を示す。

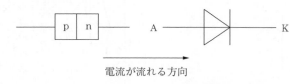

（**a**） 構 造 　　　　（**b**） 回路記号

図2.12　ダイオードの構造と回路記号

図2.13から，電流は正方向のみに流れ，スイッチがオフのときは電圧が負であることがわかる。理想ダイオードのスイッチ移行条件と維持条件をまとめると**図2.14**のようになる。ここで，オン状態では電圧がゼロのため電流のみしか定義できないこと，オフ状態ではその反対で電圧しか定義できないことに注意しよう。

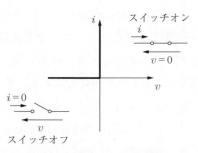

図2.13　理想ダイオードの動作と電圧-電流特性

実際のダイオードでは**図2.15**のような特性となり，オン時にもわずかな電

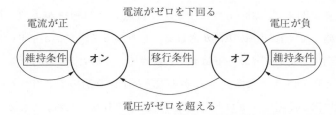

図2.14　理想ダイオードのスイッチ移行条件と維持条件の状態遷移図

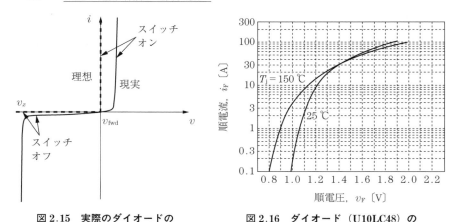

図 2.15　実際のダイオードの
電圧-電流特性

図 2.16　ダイオード（U10LC48）の
電圧-電流特性例

圧降下 v_{fwd} が発生し，オフ時にもごくわずかな電流が流れる。ダイオードの場合さらに特徴的なのは，オフ時に負電圧の大きさを大きくしていくと**ツェナー電圧** v_z を超えたところで突然電流が流れる**降伏現象**である。この状態は，ダイオードの電圧降下が v_z に維持されるためスイッチオンとなったわけではないことに注意が必要である。ダイオードをスイッチとして用いる際には逆電圧の大きさが v_z 以下となるように使用しないといけない。**図 2.16** に市販のダイオードの電圧-電流特性を例として示す。このダイオードは定格電圧 800 V，定格電流 10 A のデバイスである。なお，縦軸の電圧がログスケールであることに注意しよう。

　ここで，ダイオードのスイッチとしての動作と電圧-電流曲線の関係を見てみよう。**図 2.17**（a）のように電圧源と抵抗の間にダイオードを挿入した回路を考える。例えば，図（b）に示すように点 A では電圧が正でありダイオードが短絡だとすれば正の電流が流れる。したがって，ダイオードのオン維持条件に該当するためダイオードはオンし続ける。そのとき，ダイオードの動作点は図（c）の点 A となる。点 A から電圧が下がり始めて，やがて点 B に至って抵抗に掛かる電圧がゼロとなるため電流が流れなくなる。したがって，ダイオードのオンからオフへの移行条件を満たすためダイオードはオフとなる。

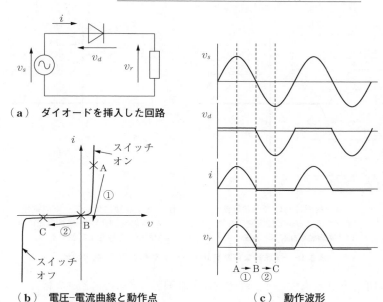

（a） ダイオードを挿入した回路

（b） 電圧-電流曲線と動作点 （c） 動作波形

図 2.17 ダイオードの動作

そこからオフのまま点 C に移動するため，電流がほとんど流れない状態が続く。電流が流れないため抵抗の電圧降下 v_r はほぼゼロであり，ダイオードの両端電圧は電源電圧とほぼ等しくなる。この領域では電源電圧が負であるからダイオードのオフ維持条件を満たす。さらに時間が進んで，電圧が負から正に変わる時点でダイオードのオフからオンの移行条件を満たしてダイオードはオンとなる。

2.4.4 トランジスタ，MOSFET，IGBT

トランジスタ，MOSFET（metal-oxide-silicon field effect transistor：絶縁ゲート型電界効果トランジスタ），**IGBT**（insulated gate bipolar transistor：絶縁ゲートトランジスタ）はいずれも電力変換回路で用いられる可制御デバイスである。理想的な可制御デバイスとは**図 2.18**（a）のように任意の電圧を任意のタイミングでオン可能，または任意の電流を任意のタイミングで

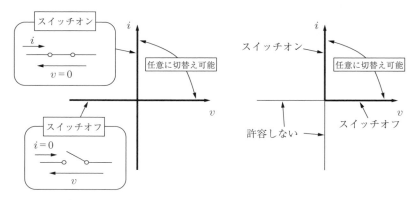

（a）　オン状態において任意電流,
オフ状態において任意電圧を許
容する理想可制御スイッチ

（b）　オン状態において一方向電圧,
オフ状態において一方向電流のみ
で許容する理想可制御スイッチ

図2.18　理想的な可制御スイッチの動作と電圧-電流特性

オフ可能なスイッチである。理想的な可制御デバイスのスイッチ移行条件と維
持条件の状態遷移図を**図2.19**に示す。実際には図2.18（b）のようにオン時
に一方向の電流（順方向電流）のみを許容して，オフ時に逆方向の耐圧（逆耐
圧）がないデバイスがある。現在，市販されているトランジスタやIGBTは
原則として順方向電流のみを流すことが可能である。また，一部の例外を除い
て構造的に逆方向の耐圧が低いため図2.18（b）のようにオン状態で正電流
のみ，オフ状態で正電圧のみを許容する逆耐圧なしのデバイスとして扱ってよ
い。MOSFETはオン状態で双方向の電流を流すことができる。

　現在ではトランジスタを用いる場面は少なくなり，小容量ではMOSFET,
大容量ではIGBTを用いることが多い。トランジスタの基本構造と回路記号

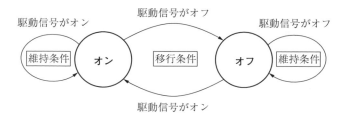

図2.19　理想的な可制御デバイスのスイッチ移行条件と維持条件の状態遷移図

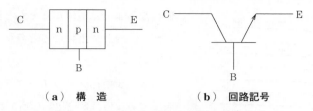

（a）　構　造　　　　　　（b）　回路記号

図2.20　トランジスタの構造と回路記号（NPN型）

を図2.20に，図2.21にトランジスタの
エミッタ接地時の電圧-電流特性例（i_c-
v_{ce}特性）を示す。トランジスタをエミ
ッタ接地で使用すると，**電流増幅**作用に
より小さなベース電流によって大きなコ
レクタ電流を制御することができる。そ
の作用を極限まで利用したのがスイッチ
動作作用である。例えば，図2.21のト
ランジスタでベース電流i_b＝1 000 mA
のときコレクタ電流が10 A程度までは

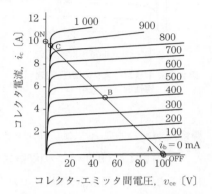

図2.21　トランジスタの電圧-電流
特性例

トランジスタ両端の電圧が数V以下となり非常に低くなる。つまり，スイッ
チオンである電圧ゼロ（＝y軸）に近い状態となる。電流が10 A程度に達す
ると，電流がそれ以上はあまり増加せず，電圧が上昇することになる。回路の
電流が10 A以下の場合はトランジスタの両端電圧が非常に低く，スイッチオ
ンと同等とみなせる。このように，トランジスタではベース電流を十分に与え
ればトランジスタの許容電流までスイッチオンとみなせるようになる。逆にベ
ース電流をゼロとすればほとんど電流が流れることなくスイッチオフとみなせ
る。このように，ベース電流をゼロでスイッチオフ，ベース電流をある値以上
に与えることでトランジスタの許容電流の範囲でスイッチオンとみなせるよう
になるため，トランジスタはベース電流によって制御可能なスイッチとして使
用できることがわかる。**図2.22**に電圧が低い部分の拡大図を示す。トランジ
スタはpn接合を持つため，ベース電流が供給されていても順方向電圧がある

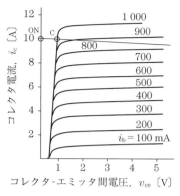

図 2.22　トランジスタの電圧–電流
特性例（拡大図）

値になるまでは電流がほとんど流れない。しかし，それ以上になると急激に電流が流れ始める。

　つぎに実際のスイッチング回路の動作を考えてみよう，**図 2.23** のようにコレクタ-エミッタ間に電源と負荷を接続した回路を考える。ここでは，電源電圧 $E = 100$ V，負荷抵抗 $R = 10\ \Omega$ とする。一方，トランジスタが完全にオフ状態となると電流はゼロとなるから抵抗の電圧降下もゼロとなる。したがって，トランジスタの両端に電源電圧が加わることとなりコレクタ-エミッタ間電圧 $v_{ce} = 100$ V となる。図 2.21 において点 OFF がこの状態に該当する。トランジスタが完全にオン状態になるとスイッチ両端の電圧はゼロとなる。そのとき電圧はすべて抵抗にかかるから，回路を流れる電流 i_c は $i_c = E/R = 10$ A となる。この状態が図 2.21 における点 ON である。負荷が抵抗の場合は抵抗を流れる電圧と電流は線形の関係になるので，v_{ce} と i_c は図 2.21 の直線上を移動する。実際のトランジスタにおいては，オン時の電圧，オフ時の電流ともにゼロではない。図 2.22 の拡大図を見ると，本トランジスタの場合，ベース電流 i_b を 1 000 mA と十分

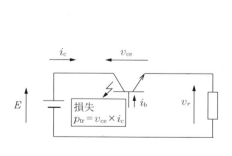

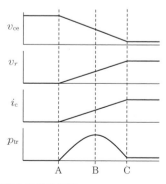

図 2.23　抵抗負荷トランジスタ回路と動作波形例

に大きく流しても v_{ce} が $0.5\,\mathrm{V}$ 以下ではコレクタ電流が流れないことがわかる。つまり，図 2.21 の静特性を持つトランジスタの場合，オフに相当する動作点は点 A，オンに相当する動作点は点 C となる。図 2.23 の回路において当初ベース電流がゼロであると，トランジスタはオフ動作，つまり図 2.21 の点 A での動作となる。ベース電流を徐々に増やすと，図 2.23（b）の波形のように電流が徐々に流れ始めて負荷抵抗両端電圧が上昇する。図 2.21 では点 A から点 B へ向かうことになる。やがて，ベース電流が $1\,000\,\mathrm{mA}$ まで上昇すると点 C での動作となり，これ以上 v_{ce} が下がらなくなる。つまり，スイッチオフからオンへの移行は，図 2.23 の回路においては図 2.21 の A から C への実線の軌跡をたどることになる。**図 2.24** に電圧-電流特性における軌跡と損失を

取り出して示す。図 2.24 中 ① の線が図 2.23 の回路におけるスイッチ移行の軌跡である。トランジスタにおける損失は $v_{ce} \times i_c$ であるため，例えば，図 2.24 でトランジスタが点 B で動作しているときの損失は網掛け部分の面積となる。実際には，負荷が純抵抗であることはまれであり，その場合スイッチ移行時の軌跡がこのような直線状を取らない場合も多い（3 章で詳しく説明する）。例えば，図 2.24 において

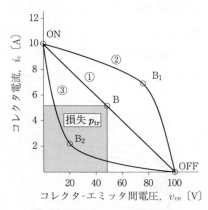

図 2.24　電圧-電流特性における軌跡と損失

② の軌跡を取れば点 B_1 における損失は点 B より大きくなる。逆に ③ の軌跡を取れば点 B_2 における損失は点 B よりも小さくなる。スイッチ移行に要する時間が等しければ，スイッチがオフからオンに移行する間のスイッチング損失は ②＞①＞③ となる。スイッチ移行時の軌跡は

・用いるスイッチングデバイス
・スイッチを駆動する信号
・電力変換回路や負荷の状況

などによって変化する。スイッチングデバイスには許容できる損失に制限があり，電圧-電流特性図上に**安全動作領域**という範囲で示される。**図 2.25** に実際に市販されているトランジスタ（2SC5493）の電圧-電流特性および安全動作領域を示す。図（ b ）の安全動作領域によれば，例えば，① の線より内側では連続動作が可能である。② の線は 1 ms 長さのパルスであれば耐えられる線であり，③ は 10 μs の間だけ耐えられる線である。③ の線より外側は瞬時でも耐えられない領域となる。安全動作領域を考慮すれば，点 Ⓐ では連続動作が可能であり，点 Ⓑ では 1 ms まで動作可能，点 Ⓒ での動作は瞬時も許容できないことがわかる。なお，安全動作領域は，周囲温度，放熱の状況，パルスの繰り返し状況などにより変化するので注意を要する。デバイスの電圧電流を安全動作領域内に収めるためにスナバ回路という保護回路を付加することがある。スナバ回路については 7.2.2 項および 7.5.2 項を参照されたい。また，LC の共振作用など利用してスイッチの軌跡を積極的に ① のような曲線に移行させる**ソフトスイッチング**技術も研究されている。

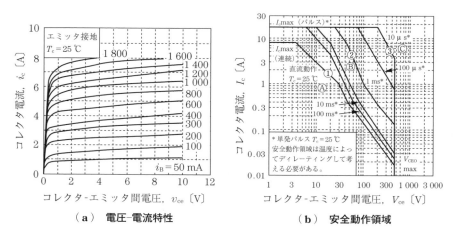

　　（ a ）　電圧-電流特性　　　　　　（ b ）　安全動作領域

図 2.25　トランジスタ（2SC5493）の電圧-電流特性および安全動作領域

　図 2.26 に n チャネル，エンハンスメント型 MOSFET の模式的な構造と回路記号を示す。MOSFET はゲート-ソース間電圧 v_{gs} がゼロの場合，ドレイン-ソース間は npn 構造となって逆バイアスの pn 接合が存在するため電流が流れ

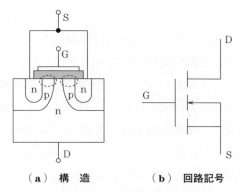

（a）構　造　　　　（b）回路記号

図 2.26　MOSFET の構造と回路記号
（n チャネル，エンハンスメント型）

ない。v_{gs} に電圧を与えると図 2.26 の点線で囲まれた丸の部分が n 型に変異するため電流が流れるようになる。**図 2.27** に市販の MOSFET（2SK3662）の電圧-電流特性を示す。MOSFET は
ユニポーラデバイスであり，電流が通過
する経路は n チャネルの場合 n 型半導
体のみとなる。したがって，トランジス
タのように pn 接合がないので十分なゲ
ート電圧を与えれば抵抗特性を示す。図
2.27 において，v_{gs} を 10 V とすれば，
電圧-電流特性はほぼ原点を通る直線と
なる。MOSFET はトランジスタと比較
して以下のような特徴がある。

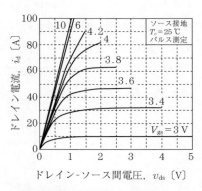

図 2.27　MOSFET（2SK3662）の
電圧-電流特性

① トランジスタの電流駆動に対して
電圧駆動なので，制御する信号を作り出す駆動回路の構成が簡単となり，
消費電力も少ない。

② ユニポーラデバイスなのでスイッチング時間が短い。

③ オン時の特性が抵抗特性となり，ダイオード特性を示すトランジスタと
比較して小電流時のオン電圧は低くなるが，大電流時はオン電圧が高く

なる。

④ トランジスタと比較するとオフ時の耐圧が高いデバイスを作りにくい。

以上の特性から，小容量の回路に向いているデバイスであることがわかる。

そこで，トランジスタと MOSFET の両方の特長を兼ね備えるスイッチングデバイスとして IGBT が開発された。IGBT の模式的な構造と回路記号を図 2.28 に示す。IGBT の動作は図 2.29 の等価回路から理解することができる。ゲート部分は MOSFET が存在しており，ゲート電圧を与えることによって MOSFET がオン状態となる。その結果，pnp トランジスタ部分のベース電流を MOSFET 部分から供給することになって pnp トランジスタがオンとなる。つまり，駆動は電圧信号で行い，電流経路部分はトランジスタと同一構造となっている。図 2.30 に市販の IGBT（CM100TL-12NF）の電圧-電流特性を示す。ゲート電圧によって電圧-電流特性が変化するが，v_{ce} が 1 V 程度まで電流が流れず，トランジスタと同様な特性を示すことがわかる。このように，MOSFET とトランジスタの利点を併せ持つスイッチングデバイスのため急速に開発が進めらており，中大容量では主流のスイッチングデバイスとなっている。

以上，トランジスタ，MOSFET，IGBT と説明してきたが，いずれも可制御スイッチングデバイスであり，駆動信号，スイッチ移行特性や適している電

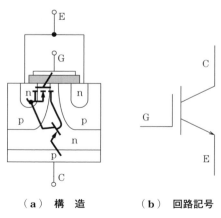

（a）　構　造　　　　（b）　回路記号

図 2.28　IGBT の構造と回路記号

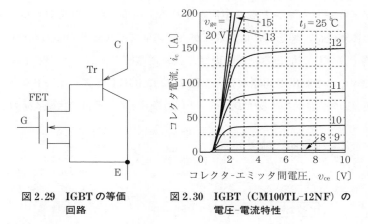

図2.29　IGBTの等価
回路

図2.30　IGBT（CM100TL-12NF）の
電圧-電流特性

圧電流の範囲に若干の違いがあるものの，その用途は同じである。

2.4.5　組み合わせて逆電圧に対応したスイッチ

　逆耐圧なし・順方向のみを許容するスイッチングデバイスを逆電圧・逆電流が想定される用途に使用する場合は逆電圧・逆電流がデバイスに直接加わらないような工夫が必要となる。例えば，**図2.31**はIGBTとダイオードを組み合わせた**逆導通型スイッチ**である。電圧が正であればダイオードは逆バイアスであるため導通せず，通常のIGBTと同じ動作となる。逆電圧が加わろうとす

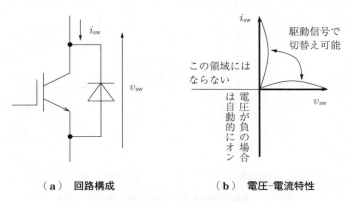

（a）　回路構成　　　　　　　　（b）　電圧-電流特性

図2.31　逆耐圧を持たないスイッチとダイオードを
組み合わせたスイッチ（逆導通型）

ればダイオードがオンとなり電流が流れる。逆電流が流れている間に IGBT
に加わる電圧は，理想的にはゼロだが実際にはダイオードの順方向電圧降下 1
V 程度の逆電圧が加わる。この程度の低い逆電圧であれば IGBT も耐えるこ
とができるので動作上問題がない。**図 2.32** に IGBT とダイオードを組み合わ
せた逆導通型組合せスイッチのスイッチ移行条件と維持条件の状態遷移図を示す。

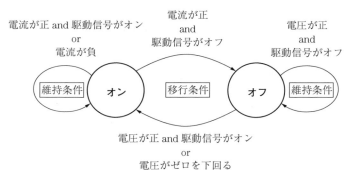

**図 2.32　逆導通型組合せスイッチのスイッチ移行条件と
維持条件の状態遷移図**

図 2.33 は逆阻止型の組合せスイッチである。この場合は，逆電流が流れよ
うとするとダイオードが逆バイアスとなりスイッチはオフとなる。**図 2.34** に
逆阻止型組合せスイッチのスイッチ移行条件と維持条件の状態遷移図を示す。

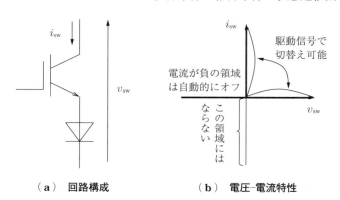

（**a**）　回路構成　　　（**b**）　電圧–電流特性

**図 2.33　逆耐圧を持たないスイッチとダイオードを
組み合わせたスイッチ（逆阻止型）**

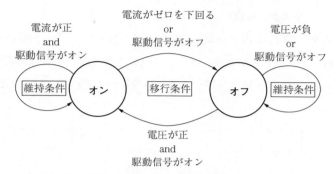

図 2.34 逆阻止型組合せスイッチのスイッチ移行条件と維持条件の状態遷移図

図 2.31 を直列に組み合わせると，正負どちらの電流・電圧にも対応可能なスイッチである双方向スイッチを構成することができる（**図 2.35**）。双方向スイッチは**図 2.36** の回路でも構成可能である。逆阻止スイッチや双方向スイッチはオン時に電流が通過する素子数が複数となるのでオン損失が大きいという欠点がある。特に図 2.36 の回路は図 2.35 の回路と比較して IGBT が 1 個でよいという利点があるが，オン時に電流を通過する素子数が 3 個となりオン損失が大きいという欠点がある。

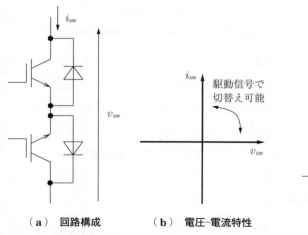

（**a**） 回路構成 （**b**） 電圧-電流特性

図 2.35 逆耐圧を持たないスイッチとダイオードを組み合わせたスイッチ（双方向型）

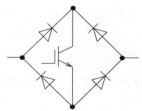

図 2.36 双方向スイッチのもう一つの構成法

2.4.6 サイリスタ，GTO

サイリスタは図2.37のようにpn接合を二つ重ねて，ゲート端子を接続したスイッチングデバイスである。ゲートになにも与えない場合は，正負どの電圧領域でもどこかのpn接合が逆バイアスとなるためデバイスはオフとなる。

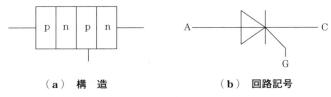

（**a**） 構 造   （**b**） 回路記号

図2.37 サイリスタの構造と回路記号

サイリスタの動作は**図2.38**の二つのトランジスタを用いた等価回路で考えることができる。

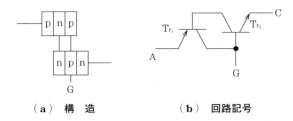

（**a**） 構 造   （**b**） 回路記号

図2.38 二つのトランジスタを用いたサイリスタの等価回路

ゲート電流はT_{r_2}のベース電流となるため，十分大きなゲート電流を与えるとT_{r_2}がオン状態となりコレクタ電流が流れる。T_{r_2}のコレクタ電流はT_{r_1}のベース電流であるから，T_{r_1}がオン状態となる。T_{r_1}がオン状態となってコレクタ電流が流れるとそれがT_{r_2}のベース電流となる。

一旦T_{r_1}，T_{r_2}ともにオンとなると，相互にベース電流を供給し合うためゲート電流をゼロにしてもサイリスタはオフとならない。サイリスタをオフとするためにはダイオードと同様に流れる電流をゼロとしなければならない。

　図2.39にサイリスタの電圧-電流特性を示す。ゲート電流を加える前は正負どちらの電圧領域でもダイオードの逆方向特性を示す。一定上の値のゲート電流をある一定時間以上与えるとサイリスタはオンとなり，ダイオードと同じ特性を示す。サイリスタはMOSFETやIGBTと比較して耐圧の高いデバイスを製作することが容易であり，逆耐圧も持つため，直流送電用変換器などの大容量変換器には現在でも用いられる。しかし，オンのみ可制御のデバイスであるためIGBTの発達により用途は限られている。

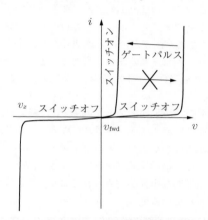

図2.39　サイリスタの電圧-電流特性

　なお，デバイスの構造を工夫してオフの制御も可能とした**GTO**（gate turn off）**サイリスタ**というデバイスもある。このデバイスの基本構造はサイリスタと同じであるが，微細なサイリスタを並列に並べることによって，ゲート信号によるオフを可能とした。ただし，オフの際には非常に大きなパルス状の負電流を流す必要があり，ゲート駆動回路が複雑となる。現在は，ほぼIGBTで代替可能となっており，新規に用いられることは少ない。GTOの回路記号は**図2.40**である。

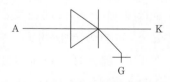

図2.40　GTOの回路記号

┌─── ■ **ワイドバンドギャップ半導体デバイス** ■ ───┐

　長く，半導体デバイスの材料はシリコン（Si）が主流だったが，最近化合物半導体であるワイドバンドギャップ半導体を用いたパワーデバイスが実用化され始めた。現在実用化されているのはシリコンカーバイト（SiC）と窒化ガリウム（GaN）である。SiC，GaN いずれも Si の3倍ほどのバンドギャップを持ち，同じ厚さにおける絶縁破壊強度が Si よりも大きいという特徴があるため高耐圧化が可能であり，逆に同じ耐圧であればオン抵抗を低くすることが可能でオン損失を低減できる。高温での動作が可能であることも特徴であるが，ハンダや周辺部品の対応が必要となる[4]~[6]。

　SiC はショットキーバリアダイオードと MOSFET が製品化されている。MOSFET は高速であるが耐圧が低いと説明したが，SiC を用いることで高速である利点を活かしたまま高耐圧化が可能である。実際の使用に当たっては，Si デバイスよりも高いゲート駆動電圧が必要であるなどの注意点も存在する[4]。

　一方，GaN も同様な特徴を持つが，現時点では製造過程の制約によって横型の HEMT 構造に限定される。横型のためゲート容量が小さくなるため高速スイッチングが可能となるが，電流容量が小さいので小容量デバイスが実用化されている。さらにバンドギャップが大きな酸化ガリウム（Ga_2O_3）やダイアモンドも基礎的な研究が進められており，より高性能なパワーデバイスの実現が期待されている[4]。

└──────────────────────────────┘

2.4.7　スイッチのオンオフ判定

　複数のスイッチが用いられている回路において，各スイッチがオンしているか，オフしているか簡単には判明しない場合がある。例えば，**図 2.41**（a）のような回路を考える。当初，IGBT の Q にはオフ信号が与えられると図（b）のように Q は必ずオフになっている。この状態において各部の電圧，電流は図（b）のとおりとなる。ここで，Q にオン信号を与えた場合に Q とダイオード D の状態を考えてみよう（図（c）参照）。

　まず，図 2.41（b）の状態における Q の電圧 V_Q は 70 V であるため，オン信号を与えることで Q のオン移行条件を満たすため Q はオンとなる。ここで，ダイオード D がオンを維持していると仮定すると，図（d）のような回路が構成される。ダイオードがオンしているため抵抗の端子電圧はいずれも電圧

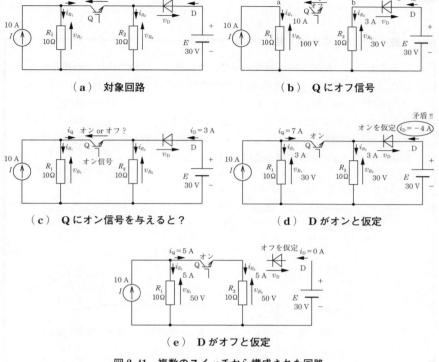

図 2.41 複数のスイッチから構成された回路

E の大きさ $30\,\mathrm{V}$ となる。したがって，抵抗に流れる電流は R_1，R_2 ともに $3\,\mathrm{A}$ となる。回路の左側に $10\,\mathrm{A}$ の電流源が接続されているから，ダイオードを流れる電流は $-4\,\mathrm{A}$ となり，ダイオードのオン維持条件に反する。逆に，ダイオードがオフと仮定すると回路は図（e）のようになり，ダイオードの両端電圧 v_D は $-20\,\mathrm{V}$ となってオフ条件に反しない。また，Q の電流 i_Q は $5\,\mathrm{A}$ であり，Q のオン維持条件にも反しない。したがって，Q オン，D オフが回路の状態として正しいことがわかる。

このように，複数のスイッチング素子で構成された回路において，スイッチのオンオフ状態がわからない場合は，ある状態を仮定して，スイッチの維持条件に反しないかどうかを確認すればよい。

■ スイッチと水道 ■

　スイッチの可制御と非可制御とはなにやら難しくてわかりにくい概念かもしれない。ここで，もっと身近な水道で考えてみよう。**図1（a）**のように，水道には蛇口が付いている。蛇口のハンドルをひねると水が出て，戻すと止まる。これが可制御スイッチと同等な機能である図（a）。ハンドルがゲートなどの制御信号に該当して，オン時に流れる電流が水流に相当する。IGBT や MOSFET が水道の蛇口に相当する。

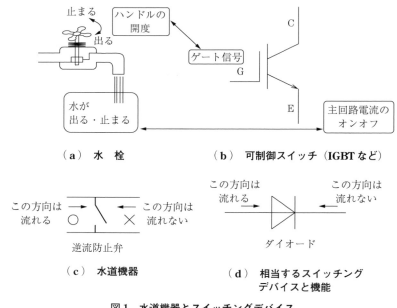

（**a**）　水　栓　　　　　（**b**）　可制御スイッチ（**IGBT** など）

（**c**）　水道機器　　　　（**d**）　相当するスイッチング
　　　　　　　　　　　　　　　　　デバイスと機能

図1　水道機器とスイッチングデバイス

　一方，図（c）のようにパイプに逆流防止弁が付いていることがある。逆流防止弁は，蛇口のように外から水の流れを制御することはできない。しかし，水が逆に流れようとすると弁が閉じて流れなくなる。ダイオードが逆流防止弁に相当する（図（d））。

章　末　問　題

【1】 図 2.3 の回路について，以下の問いに答えなさい。ただし，負荷は 10 Ω の抵抗とする。

（1）　出力電圧を v_0〔V〕（ただし，$0 \leqq v_0 \leqq 12$）とするための抵抗 R_v〔Ω〕を求めなさい。

（2）　出力電圧が v_0〔V〕のときの効率 η〔%〕を求めなさい。

（3）　横軸に出力電圧，縦軸に効率を示すグラフを書きなさい。

【2】 （1）　例題 2.1 で示した電力変換回路（12 V をスイッチにより平均電圧 5 V に変換する回路）の出力電圧の概形を書きなさい。

（2）　出力電圧の実効値を求めなさい。

（3）　1 Ω の負荷抵抗で消費される電力の平均値を求めなさい。1 Ω の抵抗に 5 V の直流電圧を加えた場合の電力との比較を行いなさい。異なる場合はその物理的意味を考察しなさい。

【3】 線形増幅器と比較したスイッチを用いた電力変換回路の特徴を三つ挙げなさい。利点および欠点をそれぞれ一つ以上含むこと。

【4】 図 2.5（a）の回路について以下の問いに答えなさい。ただし，電源電圧 E = 100 V，抵抗 R = 10 Ω とする。数値で答える問題の解答は有効数字 3 桁で解答すること。

（1）　スイッチング周波数 25 kHz，デューティ比 d = 0.4 のとき，抵抗 R の両端電圧の概形を 2 周期程度にわたって書きなさい。ただし，今回はトランジスタのオン電圧，オフ電流，スイッチ切替時間 ΔT は無視できるものとする。また，電圧，時間がわかるように書き入れること。

（2）　上記の条件時における抵抗 R の両端電圧の平均値および実効値を求めなさい。計算の過程も書くこと。

（3）　トランジスタのオン電圧 V_{on} = 1 V のとき，1 秒間当りの定常オン損失 P_{on} を求めなさい。ただし，スイッチ切替時間 ΔT は無視できるものとする。

（4）　スイッチ切替時間 ΔT = 1 μs のときの 1 秒当りのスイッチング損失 P_{sw} を求めなさい。ただし，この計算ではスイッチのオン電圧，オフ電流は無視してよい。

（5）　この回路の効率 η〔%〕を求めなさい。ただし，定常オフ損失は無視できるものとする。

（6）　トランジスタを別の種類に変更したところ，回路のほかの動作条件は変わらないのに効率が 92 ％ になった。考えられる原因を二つ述べよ。

【5】　あるスイッチのスイッチ移行時の電圧，電流が図2.42 のようになった。以下の問いに答えなさい。

（1）　スイッチ 1 回当りの損失を計算しなさい。

（2）　スイッチ移行時の波形が図2.6 の場合と比較してスイッチング損失が何倍になるか計算しなさい。

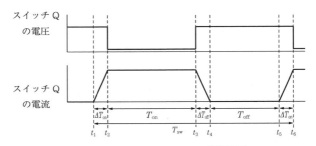

図 2.42　スイッチのオンオフ動作波形

【6】　図2.43（a）に，あるスイッチのスイッチ移行時の波形を示す。以下の問いに答えなさい。

（1）　このスイッチは，ターンオフ動作かターンオン動作か答えなさい。

（2）　スイッチング時の電圧-電流特性の軌跡を図2.43（b）の図中に書きなさい。解答に際しては，図（a）中の点 A，点 B の動作点を明示すること。

（3）　図（b）の太線はこのデバイスの安全動作領域である。このデバイスが安全に動作するかどうか，判定しなさい。

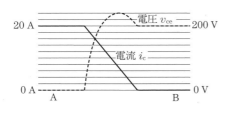

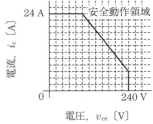

（a）　電圧と電流の波形　　　　（b）　安全動作領域

図 2.43　動作波形と安全動作領域

【7】 図2.5（a）の回路について以下の問いに答えなさい。ただし，電源電圧 E ＝200 V，抵抗 R＝10 Ω とする。数値で答える問題の解答は有効数字3桁で解答すること。

(1) スイッチング周波数 100 kHz，デューティ比 d＝0.8 のとき，スイッチング周期 T，オン時間 T_{on}，オフ時間 T_{off} を求めなさい。答えは1〜999 の整数となるように補助単位を用いること。

(2) 抵抗 R の両端電圧の概形を2周期程度にわたって書きなさい。ただし，今回はトランジスタのオン電圧，オフ電流，スイッチ切替え時間 ΔT は無視できるものとする。また，電圧，時間がわかるように書き入れること。

(3) （2）の条件時における抵抗 R の両端電圧の平均値および実効値を求めなさい。計算の過程も書くこと。

(4) この回路のスイッチにはトランジスタが用いられていた。トランジスタの電圧-電流特性が **図2.44** だとして，図中に回路の負荷線を引き，スイッチオンおよびオフ時の動作点を書き込みなさい。ただし，ここではオン時の電圧，オフ時の電流ともにゼロだと仮定する。

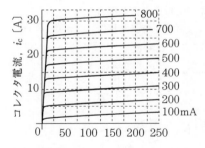

図2.44 トランジスタの電圧-電流特性例

コレクタ-エミッタ間電圧, v_{CC}〔V〕

(5) この回路でトランジスタをオンとするのに必要なベース電流の最低値を有効数字2桁で答えなさい。

(6) トランジスタのオン電圧 V_{on}＝2 V のとき，1秒間当りの定常オン損失 P_{on} を求めなさい。ただし，スイッチ切替時間 ΔT は無視できるものとする。

(7) スイッチ切替え時間 ΔT＝2 μs のとき，1秒当りのスイッチング損失 P_{sw} を求めなさい。ただし，この計算ではスイッチのオン電圧，オフ電流は無視してよい。

（8） この回路の効率 η〔％〕を求めなさい。ただし，定常オフ損失は無視できるものとする。

（9） 使用するトランジスタに変更がないときに，回路の効率を 98 ％ とするためのスイッチング周波数 f_{sw} を求めなさい。

【8】 図2.45 の回路について以下のスイッチング信号を与えた場合の Q および D の状態およびオン電流 I_{on} またはオフ電圧 V_{off} を答えなさい。

（1） Q にオン信号を与えた場合

（2） Q にオフ信号を与えた場合

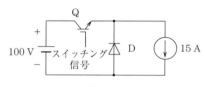

図2.45

【9】 図2.46 の回路について，以下のスイッチング信号を与えた場合の Q_1，Q_2，D_1 および D_2 の状態およびオン電流 I_{on} またはオフ電圧 V_{off} を答えなさい。

（1） Q_1 にオン信号，Q_2 にオフ信号を与えた場合

（2） Q_1 にオフ信号，Q_2 にオン信号を与えた場合

（3） Q_1，Q_2 ともにオフ信号を与えた場合

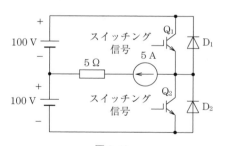

図2.46

【10】 図2.47 の回路について，以下の問いに答えなさい。

（1） $I_x = 20$ A のとき，以下のスイッチング信号を与えた場合の Q_1，Q_2 および D のスイッチング状態をオンまたはオフで解答しなさい。オンのデバイスについてはオン電流 I_{on} を，オフのデバイスについてはオフ電圧 V_{off} 答えなさい。また，抵抗 R に流れる電流 i_R および直流電圧源に流れる電流 i_0 を答えなさい。ただし，素子は理想的な動作をするもの

として，オン時の両端電圧はゼロ，オフ時に流れる電流はゼロとする。また，各電圧源および電流源は理想的で一定だと仮定する。各部の電圧電流は矢印の向きを正方向とする。

a） Q_1，Q_2 ともにオフ信号

b） Q_1 オン信号，Q_2 オフ信号

c） Q_1 オフ信号，Q_2 オン信号

d） Q_1，Q_2 ともにオン信号

（2） Q_1，Q_2 ともにオン信号を与えた場合，Q_2 のオンオフ状態が反転する I_x を求めなさい。もし，I_x を変化させてもオンオフ状態が反転しない場合は，その旨理由を付して答えなさい。

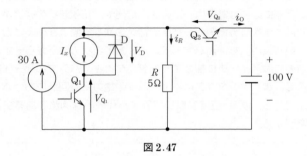

図 2.47

3. 直流-直流変換

　2章で，電力変換を実現する基本的な機能であるスイッチングとそれを実現する半導体スイッチについて学んだ。しかし，スイッチングだけで電力変換を実現すると，出力波形は電圧や電流が離散的な値をとる方形波状になってしまう。実際に必要な電圧は一定の直流電圧や，正弦波状の交流電圧である。本章では，まず直流電源から電圧や電流の異なる直流を得ることができる回路について実用的な回路を学んでいく。方形波状の電圧から一定値の直流を得るためにはスイッチに加えてインダクタとキャパシタの働きが重要となる。そこで，まずインダクタとキャパシタの電力変換回路における役割について学んでから，直流-直流変換を実現する代表的な回路であるチョッパについて学習する。

3.1　LC の 働 き

　2章で示したとおり，スイッチのオンオフを利用すると高効率な電力変換を実現することができる。しかし，その出力電圧や電流は方形波状となり実用上問題があることが多い。そこで，スイッチのオンオフによる方形波状の電圧や電流を滑らかにするためにインダクタとキャパシタが大活躍する。ここでは，パワーエレクトロニクスで必要なインダクタとキャパシタの性質をまとめておく。

3.1.1　LC の定常状態におけるふるまい

　図 3.1（a）に示す回路は，RL 回路に方形波状の電圧を加えた回路である。本回路図は回路シミュレータ PSIM 上でのシミュレーション回路である。本回路はデモ版で実行可能なので，シミュレーションの設定については各自シミ

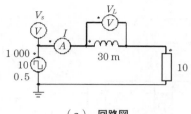

（a） 回路図

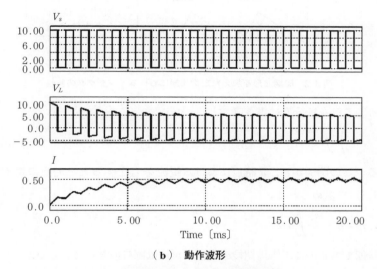

（b） 動作波形

図 3.1　方形波電圧に対する RL 回路の応答★, †

ュレーションの練習を兼ねて適切な設定を見つけてほしい。図（b）はその応答を示す。当初は電圧の変動に伴って電流が微少な上下変化を繰り返しながら全体として緩やかに上昇してくる。$t=10$ ms あたりで電流がおおむね一定の波形を繰り返す，つまり**定常状態**に達する。インダクタの両端電圧も同様に定常状態に達している。このときのインダクタの動作に注目してみよう。**図 3.2**では定常状態のインダクタの電圧と電流の 2 周期分の周期波形を模式的に示す。インダクタの電圧と電流の関係はよく知られているとおり

$$v = L\frac{di}{dt} \tag{3.1}$$

---

†　PSIM で作成したシミュレーション回路や波形には★を付した。

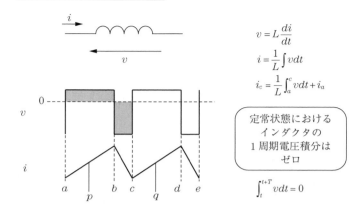

$$v = L\frac{di}{dt}$$

$$i = \frac{1}{L}\int vdt$$

$$i_c = \frac{1}{L}\int_a^c vdt + i_a$$

定常状態における
インダクタの
1周期電圧積分は
ゼロ

$$\int_t^{t+T} vdt = 0$$

図3.2　周期波形を加えた定常状態におけるインダクタの特性

である。これを積分型に書き直すと

$$i = \frac{1}{L}\int vdt \tag{3.2}$$

となる。この関係から，a 時点における電流を i_a とすると c 時点の電流 i_c は
式（3.3）で求められる。

$$i_c = i_a + \frac{1}{L}\int_a^c vdt \tag{3.3}$$

定常状態であるので，1周期後の電圧や電流は同じ値となる。したがって $i_c =$
i_a であるから，式（3.4）が成立する。

$$\frac{1}{L}\int_a^c vdt = 0 \tag{3.4}$$

　この式は，例えば p-q 間のような任意の1周期について成立するし，任意
の電圧，電流波形について成り立つ。つまり，以下の性質が導き出される。

　「周期波形を加えた定常状態におけるインダクタの1周期電圧の積分はゼロ」
この性質を以下「インダクタの電圧定常特性」と呼ぶ。キャパシタについては
図3.3 に示すようにインダクタに対して電流と電圧の関係が入れ替わっただけ
であるから，以下の性質が導き出される。

　「周期波形を加えた定常状態におけるキャパシタの1周期電流の積分はゼロ」
この性質を以下「キャパシタの電流定常特性」と呼ぶ。

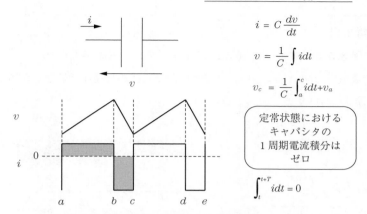

$$i = C\frac{dv}{dt}$$

$$v = \frac{1}{C}\int idt$$

$$v_c = \frac{1}{C}\int_a^c idt + v_a$$

定常状態における
キャパシタの
1周期電流積分は
ゼロ

$$\int_t^{t+T} idt = 0$$

図3.3　周期波形を加えた定常状態におけるキャパシタの特性

3.1.2 平 滑 作 用

式（3.1）をもう一度見てみよう。

$$v = L\frac{di}{dt}$$

インダクタにある電圧が加えられるとすると，電圧は電流の微分値に比例する。電圧をある定まった値だとすると，インダクタンス L を大きくすれば di/dt は小さくなる（**図3.4**）。インダクタンス L を十分に大きくすれば di/dt は十分に小さくなる。di/dt は電流の傾きであるから，インダクタに流れる電流が一定値に近づくことを意味する（ゼロになるわけではないことに注意！）。これが，インダクタの**電流平滑作用**である。

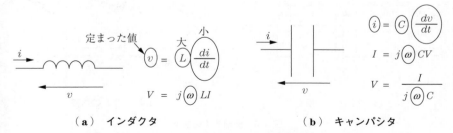

（**a**）　インダクタ　　　　　　　　（**b**）　キャンパシタ

図3.4　インダクタ，キャパシタの平滑作用とフィルタ作用

【例題3.1】

（1） 図3.5に示すように10 mHのインダクタに電流が流れた。その際の両端電圧を図示しなさい。ゼロ点は適当に決めて電圧の値がわかるように書きなさい。

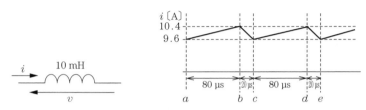

図3.5　インダクタ回路および電流波形

（2） （1）と同じ条件でインダクタンスを半分の5 mHとしたときの電流波形を図中に書き込みなさい。ただし，電流の平均値は変化しないものとする。また，最小値，最大値を書き込むこと。

解答

（1）　L の電圧と電流の関係は $v=L\dfrac{di}{dt}$ で表される。a-b 区間の電流は直線状に上昇しており，この区間の電流の傾き ΔI は

$$\Delta I = \frac{10.4 - 9.6}{80 \times 10^{-6}} = 10^4 \ \text{〔A/s〕} \tag{3.5}$$

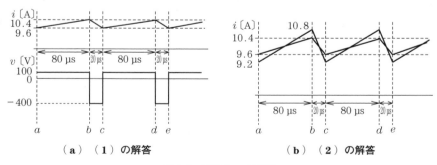

（a）　（1）の解答　　　　　（b）　（2）の解答

図3.6　例題3.1の解答

したがって，電圧 v は $v = L \times \Delta I = 10 \times 10^{-3} \times 10^4 = 100$〔V〕となる。$b$-$c$ 区間も同様に計算すると，-400〔V〕となる。したがって，電圧は**図3.6**（a）のようになる。

（2）インダクタンスが半分だから電流の傾きは倍になる。平均値は変わらないので電流は図3.6（b）のようになる。　　　　　　　　　　◇

■ キャパシタ＝お風呂 ■

キャパシタやインダクタの動作がなかなか理解できないときはどうしたらよいだろうか？　私は，キャパシタお風呂説という説を唱えている。キャパシタとお風呂は物理的に同じ現象を扱っているのである。電圧＝お湯の高さ，電流＝出入りする水量，キャパシタンスの大きさ＝お風呂の大きさ，という類似が成り立つ。家庭の小さなお風呂（＝小さなキャパシタンス）だと，ちょっとお湯をくみ出す（ちょっと電流が流れると）とすぐに水位が下がる（＝電圧が下がる）。しかし，温泉の大きなお風呂（＝大きなキャパシタンス）だと，ちょっとお湯をくみ出した程度（＝電流が流れる）では水位がほとんど変化しない（＝電圧が変化しない）。

3.1.3　フィルタ作用

インダクタの電圧と電流の関係を今度は交流定常応答の式から見てみよう。電源の角周波数を ω とすると，電圧 V と電流 I の間には

$$V = j\omega L I \tag{3.6}$$

が成り立つ。この式から周波数が高くなると，電圧が加わっても電流が流れなくなること，つまり，電流の変化が少なくなることになる（図3.4）。電流を平滑するということは，変動成分（＝交流成分）を取り除いて直流成分のみを取り出すことなので，一種の**ローパスフィルタ**作用だとみなすこともできる。

■ 直流の周波数は？ ■

直流の周波数は何 Hz だろうか？　周波数の定義は1秒間に繰り返される回数である。また，周期の逆数とも定義される。正弦波の周期を徐々に長くしていくと，しまいにはある一定区間を見ただけでは変化しないよう見えてくる。つまり，直流とは周期無限大，周波数ゼロの交流だともいえる。事実，インダクタンスに直流電流を加えると電圧降下はゼロであり，式（3.6）の $\omega = 0$ の場合と等しい。

3.2 チョッパ回路

スイッチのオンオフで直流電圧を値の異なる直流電圧に変換する回路のうち，途中に交流を介在させず直流のまま変換する回路をチョッパ回路と呼ぶ。ここでは，基本的な3種類のチョッパ回路についてその動作原理を学ぼう。

3.2.1 降圧チョッパ

3.1節で説明したインダクタとキャパシタの定常特性を利用して，直流電圧を降圧する実用的な電力変換器を構成することを考える。このような電力変換回路を**降圧チョッパ**（step-down converter または buck converter）と呼ぶ。**図3.7**に降圧チョッパの原理を示す。図（a）は2章で説明したスイッチを利用した抵抗負荷時の電力変換回路であり，抵抗負荷の場合は図（b）のように出力電圧の平均値を電源電圧よりも下げることができた。しかし，実際の電圧は方形波状となるため，インダクタンスの電流平滑作用を利用して図（c）のような回路を考える。この回路で図（d）のようにスイッチを切ると電流は当然にゼロとならなければいけない。図（e）にスイッチオフ時の拡大波形を示す。スイッチはオンからオフに移行するために ΔT の時間で電流が直線状に変化すると仮定する。オン時に流れていた電流を I_{on} とすると，ΔT の間に電流は I_{on} からゼロまで変化する。このとき，インダクタ両端の電圧 v_L は

$$v_L = L\frac{I_{\mathrm{on}}}{\Delta T} \tag{3.7}$$

となる。例えば，$L=100\,\mu\mathrm{H}$，$I_{\mathrm{on}}=10\,\mathrm{A}$，$\Delta T=1\,\mu\mathrm{s}$ とすると，インダクタ両端の電圧 v_L の大きさは

$$L\frac{I_{\mathrm{on}}}{\Delta T} = 100\times10^{-6}\frac{10}{10^{-6}} = 1\,000\,\mathrm{V} \tag{3.8}$$

となり，非常に高い電圧が発生する。このように，回路にインダクタが接続されている場合，インダクタの電流を急に変化させてはいけない。そこで，スイッチがオフ時の電流経路を確保するために**図3.8**の原理図のようにもう一つの

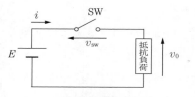

（ a ）　抵抗負荷時の回路図

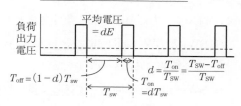

（ b ）　負荷電圧波形

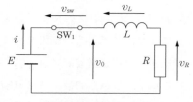

（ c ）　平滑用インダクタを付加した
　　　　回路図（スイッチオン）

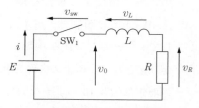

（ d ）　平滑用インダクタを付加した
　　　　回路図（スイッチオフ）

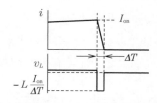

（ e ）　RL 負荷時（スイッチオフ時）の波形

図 3.7　降圧チョッパの原理

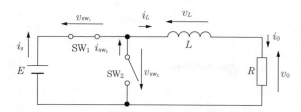

図 3.8　インダクタ接続時の降圧チョッパの原理図

スイッチ SW_2 を付加する。SW_1 と SW_2 を交互にオンすることで SW_1 右端の
電圧 v_D を図 3.7（ b ）と同様に制御することが可能である。

　ここで SW_1 と SW_2 を半導体スイッチで置き換えることを考えてみよう。ま

ず，両スイッチに要求される条件をまとめてみる。

① SW_1 と SW_2 は同時にオンしてはいけない。同時にオンすると直流電源
   E を短絡する。

② SW_1 と SW_2 は同時にオフしてはいけない。同時にオフするとインダクタ
   の電流の流路がなくなる。

このように相反する条件を満たさなければならない（**図 3.9**）。ここで，
SW_1，SW_2 ともに可制御デバイスを用いた場合には，オンオフのタイミング
が少しでもずれるとこれらの条件に反することになり，スイッチの制御タイミ
ングが問題となる。以上の条件を考えると，降圧チョッパに必要とされるスイ
ッチの理想は**図 3.10** のような切替えスイッチであり，しかも切替え時に無瞬
断であることが求められる。ここで，どのようなスイッチングデバイスを用い
て，構成すればよいか考えるために SW_1 と SW_2 の状態を考えてみよう。上記
①，②の条件を満たす状態はSW_1：オン，SW_2：オフとその逆のSW_1：オ
フ，SW_2：オンの二つの状態である。それぞれの状態におけるスイッチの電圧
電流を**表 3.1** に示す。ただし，ここではスイッチは理想スイッチだと仮定し，

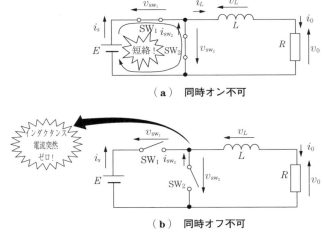

（**a**）　同時オン不可

（**b**）　同時オフ不可

図 3.9　インダクタンスが接続された降圧チョッパの
スイッチに要求される条件

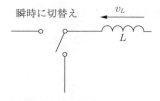

図 3.10 **インダクタンスが接続された降圧チョッパのスイッチの理想**

表 3.1 降圧チョッパの各スイッチの状態

	SW$_1$		SW$_2$	
	v_{SW_1}	i_{SW_1}	v_{SW_2}	i_{SW_2}
SW$_1$：オン SW$_2$：オフ	0	i_L (>0)	$-E$ (<0)	0
SW$_1$：オフ SW$_2$：オン	E (>0)	0	0	i_L (>0)

スイッチの電圧・電流の方向は図 3.8 の向きを正とした。SW$_1$ はオフ時に順バイアスであり，オン時の電流とオフ時の電圧の方向が等しい。一方，SW$_2$ はオフ時に逆バイアスとなる。そこで，SW$_1$ に IGBT のような可制御デバイス，SW$_2$ にダイオードを採用してみよう。SW$_1$ はオフ時に順バイアスであるため，オン信号を与えれば図 2.19 の状態遷移図からわかるようにオンとなる。また，オフ信号を与えればオフとなるため，SW$_1$ は IGBT のような可制御デバイスでよいことがわかる。**図 3.11** に半導体スイッチで構成した降圧チョッパの回路図を示す。

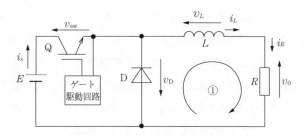

図 3.11 **半導体スイッチで構成した降圧チョッパ**

つぎに D のスイッチ動作について考えてみよう。SW$_2$ にダイオードを採用したということは，そのオンオフは Q に依存することになる。ここで，2.3.6 項で学んだスイッチのオンオフ判定を応用してみよう。Q がオンになっているときは D には $-E$ の電圧がかかり逆バイアスとなるためオフとなる。Q がオフしたときに D がオフを維持すると仮定しよう。このとき，インダクタの電流は急激にゼロに減少して，図 3.7（e）と同一の状態となる。したがって，

インダクタ両端には負の大きな電圧降下が発生する。ここで，① のループに沿ってキルヒホッフの電圧則を適用すると

$$v_0 + v_L + v_D = 0 \qquad\qquad (3.9)$$

であるから

$$v_D = -(v_0 + v_L) \qquad\qquad (3.10)$$

となる。このときの動作波形は**図 3.12**
のようになり，インダクタの両端電圧は
非常に大きな負の電圧となるから（v_0
$+ v_L$）は負となり v_D は正となる。つま
り，順バイアスとなってダイオードがオ
フを維持することは不可能となる。した
がって，Q がオフになるとダイオード D
が自動的にオンとなる。このように，
SW$_1$ に IGBT のような可制御デバイス，

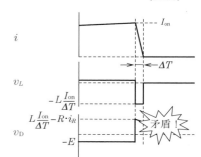

**図 3.12 SW$_1$，SW$_2$ ともにオフと
仮定したときの降圧チョッパの
動作波形**

SW$_2$ にダイオードを用いることで，図 3.10 に示す無瞬断切替スイッチを実現
できることになる。ここで説明した降圧チョッパのシミュレーション回路図を
図 3.13（a）に，動作波形を図（b）に示す。図（b）の（1）では 2.3.1
項で説明した PWM 制御を実現する**ゲート制御信号**を生成する仕組みがわか
る。ここでは，v_c という三角波を作り，それを出力電圧指令信号 v_{ref} と比較
する。$v_{ref} > v_c$ であればスイッチのオン信号を，$v_{ref} < v_c$ であればスイッチオ
フ信号を出力する。ここで，v_c の振幅を V_{cmax} とすれば，デューティ比 d は
$d = v_{ref} / V_{cmax}$ となる。このような PWM 信号の生成法を**三角波比較法**と呼
び，広く使われている方法である。三角波比較法により（2）のような制御信
号 v_{cont} が生成され，スイッチ SW$_1$ を制御する。ダイオードの両端電圧 v_D は
（3）のように制御信号と相似の 0 V と 12 V の 2 値電圧となる。インダクタ
の電流 i_L はスイッチがオンのとき増加してオフのとき減少する（4）のよう
な波形となる。このとき，インダクタに加わる電圧 v_L は（5）のように平均
値がゼロとなる方形波状の波形となる。負荷抵抗にはインダクタと同じ電流が

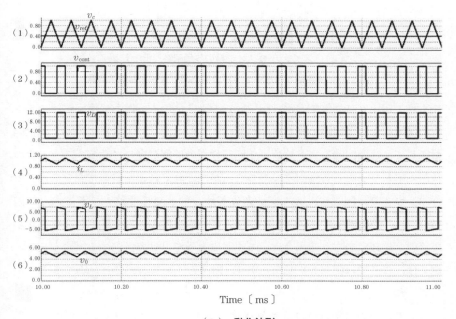

（**a**）　回路図

（**b**）　動作波形

図3.13　半導体スイッチで構成した降圧チョッパのシミュレーション回路図と動作波形★

流れるから，出力電圧 v_0 は i_L に抵抗値を掛けた（6）の波形となる。

さらに実用的な回路は**図3.14**（a）のように出力にキャパシタ C を付加し
てキャパシタによる電圧平滑作用を利用したものである。それでは，この回路
の出力電圧を求めてみよう。まず，スイッチがオン時の等価回路は図（b），

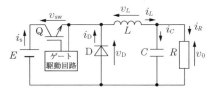

（a）　実用的な降圧チョッパの回路図

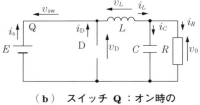

（b）　スイッチ Q：オン時の
等価回路（モード 1）

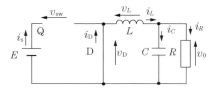

（c）　スイッチ Q：オフ時の等価回路（モード 2）

図 3.14　実用的な降圧チョッパの回路図とモード別等価回路

スイッチがオフ時の等価回路は図（c）のようになる。電力変換回路はスイッチの状態によって回路の構造自体が変化するので、このようにスイッチの状態に応じて、等価回路を書き分けると回路動作の理解が容易になる。スイッチの状態に応じて異なる等価回路が得られるが、それぞれの回路の状態を**モード**と呼ぶ。つまり、図（b）はスイッチ Q がオンのときの回路モードであり、図（c）はスイッチ Q がオフのときの回路モードである。スイッチが複数存在して状態が複数考えられる場合は、モードに番号を付けて区別する場合もある。例えば、ここでは図（b）をモード 1、図（c）をモード 2 と区別することが可能となる。

　ここで、出力に接続されるキャパシタンス C が十分に大きいと仮定すると電圧の変動を無視することができて、出力電圧 v_0 は一定とみなすことができる。まず、前出の「インダクタの電圧定常特性」と「キャパシタの電流定常特性」をもう一度思い出そう。この特性をいい換えると

　「定常状態におけるインダクタの周期当り電圧平均値はゼロ」

　「定常状態におけるキャパシタの周期当り電流平均値はゼロ」

といえる。

　この特性を利用して**図3.15**に示す動作波形例から回路動作を考えてみる。この波形は**図3.16**に示すPSIMシミュレーション回路の回路パラメータを用いて，回路動作の理解が容易なようにキャパシタ電圧が一定であるとの仮定のもとに理論的に求めた波形である。図3.16の回路をシミュレーションした結果が**図3.17**であり，キャパシタ電圧に若干の変動が観測されるほかはほぼ図3.15と同様の波形となる。まず，スイッチのオンオフ信号は図3.13（b）と

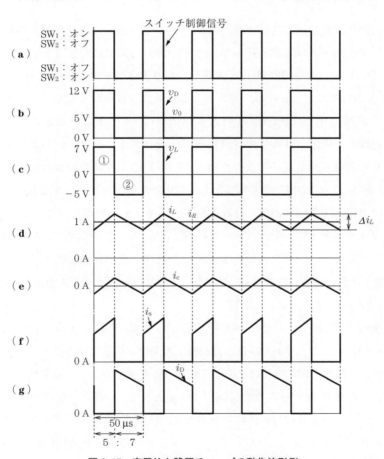

図3.15　実用的な降圧チョッパの動作波形例

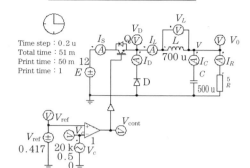

Time step : 0.2 u
Total time : 51 m
Print time : 50 m
Print time : 1

図3.16　実用的な降圧チョッパの
シミュレーション回路図★

同様に三角波比較法で生成され，図3.15（a）の v_{cont} のように与えられると
する。ダイオードの両端電圧 v_D は図3.13（b）と同様にQがオン，Dがオフ
（モード1）のときは電源電圧 E と等しくなり，Qがオフ，Dがオン（モード
2）のときはゼロとなるため，図3.15（b）のような波形となる。インダクタ
ンスの両端電圧 v_L はモード1のときは $E-v_0$，モード2のときは $-v_0$ とな
る。先ほどの仮定よりキャパシタ電圧（＝出力電圧）v_0 は一定であるから，
いずれの場合も一定電圧となり，図3.15（c）のような方形波状になる。こ
こで，インダクタの電圧定常特性から，電圧平均値がゼロということは，1周
期中の電圧の正負面積が等しければ良い。スイッチの周期を T，デューティ
比を d とするとSW₁がオンの期間は dT，SW₁がオフの期間は $(1-d)T$ で
ある。そこで，インダクタの両端電圧の1周期中正の面積（図3.15（c）①
の部分）と負の面積（②の部分）を計算して等しいと置くと次式のようになる。

$$(E-v_0)dT = v_0(1-d)T \tag{3.11}$$

上式を解くと $v_0 = dE$ となり v_D の平均値と等しくなり，スイッチのオンオフ
比率を調整することで出力される直流電圧の調整が可能となることがわかる。
　つぎに，回路内部の電流はどのようになるか考えてみよう。負荷抵抗への出
力電流 i_0 は電圧 v_0 が一定なので同じく一定となる。一方，インダクタの両端
電圧は（c）のように方形波状であるため，区間①ではインダクタの電圧は
一定の正電圧である。したがって，インダクタの電流の傾き $di/dt = v_L/L = (E-v_0)/L$ は正の一定値となり，直線状に上昇する。区間②でも同様である

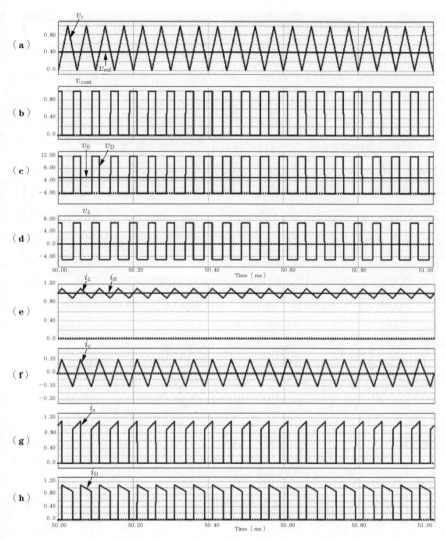

図 3.17　実用的な降圧チョッパの動作波形例（シミュレーション結果）★

がインダクタの電圧が負となるため傾きが負となる。その結果，インダクタの
電流 i_L は図 3.15（d）に示すような三角波状となる。その振幅 Δi_L を求める
と，① の区間の時間は dT であるから次式となる。

$$\Delta i_L = \frac{E - v_0}{L} dT = \frac{(1-d)\,dTE}{L} \tag{3.12}$$

キャパシタ電流 i_c はインダクタ電流 i_L から出力電流 i_0 を引いたものであるから，図 3.15（e）にようになる。キャパシタの定常電流特性からキャパシタ電流 i_c の平均値はゼロとなる必要があるが，図 3.15（e）の波形はまさに平均がゼロとなっている。出力電流はインダクタ電流からキャパシタ電流を引いたのもであるから，インダクタ電流の平均値が出力電流となるわけである。見方を変えると，スイッチングに起因する交流成分を含む v_D から直流成分を取り除くフィルタの役割を果たしていることになる。たしかに，本回路の LC は LC ローパスフィルタを構成している。また，インダクタ電流 i_L は Q がオンのとき Q を流れ，オフのときダイオード D を流れる。したがって，Q を流れる電流 i_S は i_L のスイッチオンの時間部分を切り取ったものとなり，ダイオード D を流れる電流 i_D は i_L のスイッチオフの時間部分を切り取ったものとなる。降圧チョッパでは電源から出力される電流は Q を流れる電流と等しいから i_s となる。

【**例題 3.2**】 図 3.16 の回路で，スイッチング周波数 $f_{sw} = 20\,\text{kHz}$，デューティ比 $d = 5/12$，電源電圧 $E = 12\,\text{V}$，回路定数を図 3.16 のとおりとしたとき，スイッチング周期 T およびインダクタ電流の変動 Δi_L を求めなさい。

解答

スイッチング周期はスイッチング周波数の逆数である。スイッチング周波数 $f_{sw} = 20\,\text{kHz}$ であるから，スイッチング周期 T は

$$T = \frac{1}{f_{sw}} = \frac{1}{20 \times 10^3} = 5 \times 10^{-5} = 50\,\mu\text{s} \tag{3.13}$$

となる。一方 Δi_L は式（3.12）で計算することができる。いま，デューティ比 d は

$$d = \frac{T_{on}}{T} = \frac{5}{12} \tag{3.14}$$

であるから，電流変動 Δi_L は

$$\Delta i_L = \frac{(1-d)\,dTE}{L} = (1-d)\,d\,\frac{TE}{L} = \frac{7}{12}\,\frac{5}{12}\,\frac{50\,\mu \times 12}{700\,\mu} = \frac{5}{24} \fallingdotseq 0.208\,\text{A} \tag{3.15}$$

となる。　　　　　　　　　　　　　　　　　　　　　　　　　　　　　◇

電流の連続・不連続

　ここで説明した降圧チョッパの動作では，じつは大変重要な仮定が前提となっている。それは，インダクタの電流が負にならないということである。負荷が非常に軽く，負荷電流がインダクタ電流最大値の1/2よりも小さい場合はインダクタ電流が負にならないと上記の動作が実現できない。しかし，降圧チョッパではQやDは一方向しか電流を流さないのでインダクタ電流は負になることが不可能である。その期間はすべてのスイッチがオフになりインダクタ電流がゼロとなる。このような状態を電流不連続動作と呼び，出力電圧がデューティ比と比例しなくなるため一般的にはこのような動作を避けて用いる。

3.2.2　昇圧チョッパ

　電圧を下げること（降圧）は図2.3に示すように抵抗で電圧降下を利用する，あるいは，3.2節で学んだ降圧チョッパを利用することで実現可能であることがわかった。しかし，電圧を上げること（昇圧）はどのように実現したらよいだろうか。昇圧機能の実現にはスイッチのオンオフに加えて，インダクタ

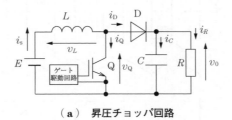

（**a**）　昇圧チョッパ回路

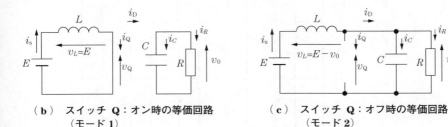

（**b**）　スイッチ **Q**：オン時の等価回路　　　　（**c**）　スイッチ **Q**：オフ時の等価回路
　　　　（モード1）　　　　　　　　　　　　　　　　　（モード2）

図3.18　昇圧チョッパの回路図と等価回路

の役割を上手に利用する必要がある。

　ここで，**図3.18（a）**に示すような回路を考えてみよう。いま，降圧チョッパのときと同様に，キャパシタンス C は十分大きいためその両端電圧，つまり出力電圧 v_0 は一定だと仮定する。このときの動作波形例を**図3.19**に示す。この波形は降圧チョッパと同様に，キャパシタ電圧つまり出力電圧が一定だと仮定して理論的な動作波形を作図したものである。出力電圧が一定であるという仮定以外は**図3.20**に示す PSIM シミュレーション回路のパラメータを使用している。いまは，特にインダクタの電圧に着目して波形を見てみよう。インダクタ L に電流が流れている状態で Q にオン信号を与えるとダイオード

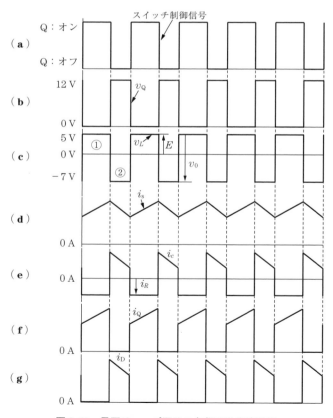

図 3.19　昇圧チョッパ回路の各部の動作波形例

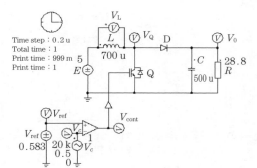

図3.20　昇圧チョッパのシミュレーション回路★

はオフとなり図3.18（b）の等価回路となり，L は電源と直結され直流電圧 E が加わる。Q にオフ信号を与えるとダイオードDがオンになって図 3.18（c）の等価回路となり L には $E - v_0$ が加わる（図3.19（c）の波形を参照）。降圧チョッパのときと同様に，スイッチング周期を T，デューティ比を d とすると，Q がオンになる期間は dT，オフになる期間を $(1-d)T$ となる。インダクタの電圧定常特性から次式が導き出せる。

$$EdT = (v_0 - E)(1 - d)T \tag{3.16}$$

これを解くと v_0 は次式で与えられる。

$$v_0 = \frac{E}{1-d} \tag{3.17}$$

$(1-d)$ は 0〜1 の間の値をとるから，出力電圧 v_0 は電源電圧 E より高くなり昇圧されることがわかる。この回路を**昇圧チョッパ**（step-up converter または boost converter）と呼ぶ。昇圧チョッパはインダクタとキャパシタの性質を上手に利用して昇圧機能を実現している。昇圧の原理を考えるために，インダクタおよびキャパシタのエネルギーと電圧，電流に着目した**図3.21** を見てみよう。図（a）のように Q がオンになるとインダクタは電源に直結されるので電流はどんどん上昇して，インダクタにエネルギーが蓄えられる。一方，負荷にはキャパシタのみが電流を供給して，キャパシタはエネルギーを供給することで電圧が下がる。Q をオフにしてもインダクタの電流は連続的に変化するので，電流はそのまま同じ方向で流れ続けてキャパシタ C へ流れ込む。

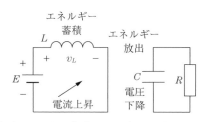
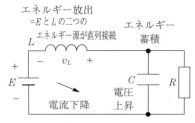

（a）　Q：オン時（モード1）のLとCの　　（b）　Q：オフ時（モード2）のLとCの
　　　エネルギーと電圧・電流　　　　　　　　エネルギーと電圧・電流

図3.21　昇圧チョッパの昇圧原理

このとき，インダクタはエネルギーを放出するため電流は減少していき，イン
ダクタの両端電圧は図（b）のようにQがオンのときと逆方向になる。つま
り，キャパシタの電圧（＝出力電圧）は電源電圧とインダクタの電圧が同方向
で直列となって，電源よりも大きな電圧が出力されることになる。このとき，
キャパシタは流れ込む電流を受け入れてエネルギーが蓄積されて電圧が上昇す
る。この過程がバランスするところで電圧が安定して出力電圧となる。このよ
うに，Qがオンのうちにインダクタにエネルギーを蓄えておき，Qをオフにす
ると電源電圧Eとインダクタの電圧が直列となって出力に現れることで昇圧
機能を実現している。

　実際の回路動作を見てみよう。図3.20のシミュレーション回路をPSIMで
シミュレートした結果が**図3.22**である。この回路は，図3.16と逆に5Vの
電圧を12Vに昇圧している。まず，図（a）に示すような三角波比較法によ
って図（b）に示すQの制御信号v_{cont}を得ている。ここでは5Vから12V
を得るために，デューティ比は式（3.17）を変形して次式のように求められ
る。

$$d = 1 - \frac{E}{v_0} = 1 - \frac{5}{12} \fallingdotseq 0.583$$

　図（c）ではキャパシタの電圧（＝出力電圧）v_0とスイッチQの両端電圧
v_Qを同時に表示している。スイッチがオンのときはv_Qはゼロとなり，スイッ
チがオフのときは$v_Q = v_0$となる様子がわかる。図（d）にはインダクタの両

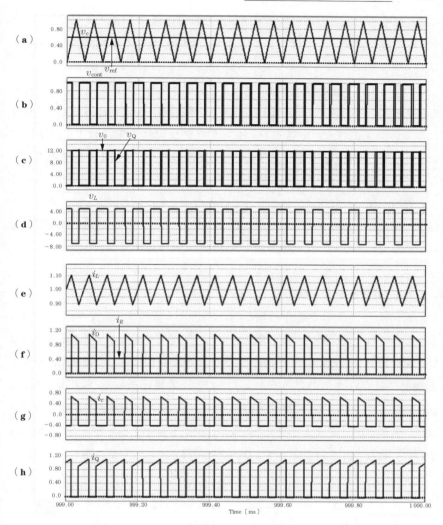

図3.22　昇圧チョッパの動作波形例（シミュレーション結果）★

端電圧 v_L を示す。スイッチ Q がオンのときは電源電圧 $E = 5\,\mathrm{V}$ が加わり，Q がオフのときは $E - v_0 = -7\,\mathrm{V}$ が加わっていることがわかる。インダクタに流れる電流 i_L は図（e）のように v_L に応じて上下を繰り返している。スイッチ Q がオフのときに i_L はダイオードを流れるため i_D は図（f）のような波形と

なる。ちょうど，この電流の平均値が出力負荷に流れる電流 i_R となり，$i_C=$ i_D-i_R であるから，i_C は図（g）のように平均がゼロの電流波形となる。i_Q は Q がオンのときに i_L と等しくなるから図（h）のようになる。

このように，昇圧チョッパはインダクタの働きを有効に活用している。見方を変えると，インダクタの作用によって入力側の電圧源が電流源に見えるようになる。図 3.22（e）を見ると，インダクタを流れる電流は 1 A の電流に ±0.1 A の三角波上の変動が重畳している電流であり，ほぼ 1 A の電流源とみなしてよいことがわかる。出力側の電圧は，キャパシタにより断続的に入ってくる電流を積分した電圧で決まり，この場合はキャパシタが十分に大きいためほぼ一定電圧とみなすことができる。このようにインダクタは電圧源を電流源に変換して，キャパシタは電流源を電圧源に変換する作用がある。

3.2.3　昇降圧チョッパ

3.2.1 項，3.2.3 項で電圧を降圧するチョッパと昇圧するチョッパを学んだ。しかし，これらの回路では電源電圧をまたいで電圧を変化させることができない。電圧をゼロから無限大まで変化させることが可能な電力変換回路，そんな万能回路は存在するのだろうか？　それが，**昇降圧チョッパ**（buck-boost converter）である。**図 3.23** に昇降圧チョッパの原理的回路図を示す。本回路は電圧変換に関しては「万能」であるが，欠点も存在するためいつでも使われるわけではない。この点については，次項で降圧チョッパや昇圧チョッパとの

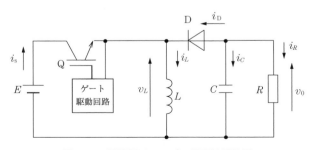

図 3.23　昇降圧チョッパの原理的回路図

比較を行うので，ここでは電圧の変換作用の理解に焦点を当てる。ここでも，降圧チョッパや昇圧チョッパのときと同様に，キャパシタンス C は十分大きいためその両端電圧，つまり出力電圧 v_0 は一定だと仮定する。

図 3.24 に昇降圧チョッパの動作原理を示す。図（a）のように，スイッチ Q がオンしているときは昇圧チョッパと同様にインダクタ L は電源と直結され直流電圧 E が加わる。なお，このときダイオード D は導通しないと仮定すると，等価回路は図（b）のようになる。この状態では，インダクタの電流は増加してインダクタに蓄積されるエネルギーも増える。一方，Q にオフ信号を与えるとインダクタ電流はダイオードを通過するしかないので，ダイオードがオンになって図（c）の状態となる。このときの等価回路は図（d）のようになるため，インダクタには電圧 v_0 が加わることになる。ここで，インダクタの電圧定常特性から，インダクタに加わる電圧の平均値はゼロでなくてはならないため，少なくとも $v_0<0$，つまり出力電圧が負電圧となることがわかる。

それでは，具体的な出力電圧を計算してみよう。降圧チョッパのときと同様

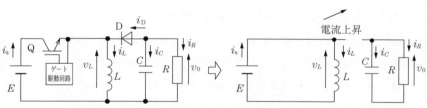

（a）　**Q：オン時の回路の状態（モード 1）**　　（b）　**Q：オン時（モード 1）の等価回路とインダクタ・キャパシタの電圧・電流**

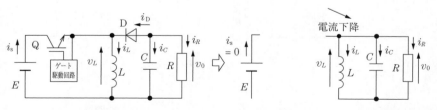

（c）　**Q：オフ時の回路の状態（モード 2）**　　（d）　**Q：オフ時（モード 2）の等価回路とインダクタ・キャパシタの電圧・電流**

図 3.24　昇降圧チョッパの動作原理

に，スイッチング周期を T，デューティ比を d とすると，Q がオンになる期間は dT，オフになる期間は $(1-d)T$ となる。インダクタの定常特性から以下の式が導き出せる。

$$EdT = -v_0(1-d)T \tag{3.18}$$

上式を解くと v_0 は次式で与えられる。

$$v_0 = -\frac{d}{1-d}E \tag{3.19}$$

$d/(1-d)$ は $0<d<1$ の範囲で任意の値をとるから，出力電圧 v_0 の大きさは任意の値をとり得ることがわかる。

つぎに，昇降圧チョッパの具体的な動作波形を見てみよう。**図 3.25** にPSIM シミュレーション回路を示す。図（a）は降圧動作時（12 → 5 V）の回路，図（b）は昇圧動作時（5 → 12 V）の回路である。両回路はデューティ比 d が異なるほかに，負荷での消費電力がそれぞれ同一となるように負荷抵抗の値が異なる。昇降圧チョッパのスイッチング周波数や回路定数は，図（a）の降圧動作時は図 3.16 の降圧チョッパと対応し，図（b）の昇圧動作時は図 3.20 の昇圧チョッパに対応して動作の比較を可能としている。**図 3.26** に降圧動作時の動作波形を示す。図（a）の三角波比較法によって図（b）のようなスイッチ制御信号を得るところは降圧チョッパや昇圧チョッパと同じである。図（c）はインダクタの電圧である，スイッチ Q がオンになっていると

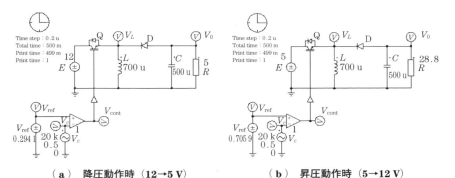

（a） 降圧動作時（12→5 V）　　　**（b） 昇圧動作時（5→12 V）**

図 3.25　昇降圧チョッパのシミュレーション回路★

きは電源電圧 12 V が加わり，スイッチがオフのときは負の電圧，つまり出力
電圧が加わっていることがわかる。図（d）に示すとおり，インダクタの電流
i_L はインダクタンスの電圧に応じて上下を繰り返している。i_L は Q がオンの
ときは Q を流れて $i_Q = i_L$ となるため i_Q は図（e）のようになり，Q がオフの
ときはダイオード D を通して流れ $i_D = i_L$ となるため，ダイオード電流 i_D は図
（f）のようになる。ここでダイオード電流はダイオードの正方向を正と取っ

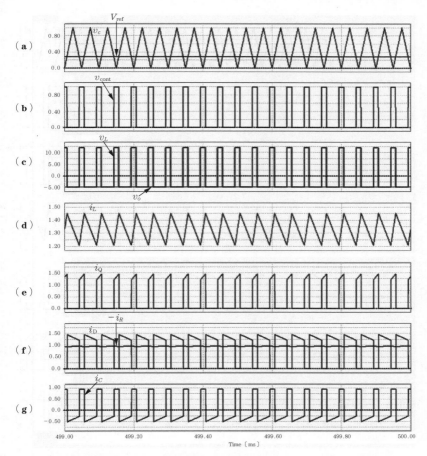

図 3.26　昇降圧チョッパの動作波形例（降圧例，シミュレーション結果）★

ているため，負荷抵抗の電流と向きが異なる。そこで，図（f）には負荷電流を逆転して表示している。これは，PSIM の波形表示ツール PE-VIEW の出力変数設定の際に，最下段の演算エリアに書き込んで任意の四則演算を行う機能を利用して表示している。図を見ると，ダイオード電流の平均が負荷電流 i_R となる。この差のリプル成分は図（g）に示すとおりキャパシタ C に流入していることがわかる。図 3.25(b) 昇圧動作時の動作波形例は**図 3.27** のようになる。

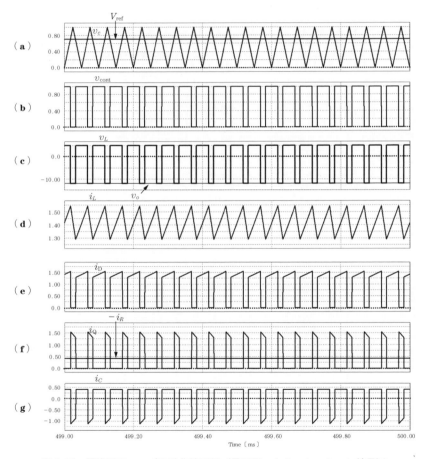

図 3.27　昇降圧チョッパの動作波形例（昇圧例，シミュレーション結果）★

3.2.4 各種チョッパの比較

ここで，各チョッパの動作原理についてまとめてみよう。チョッパの動作に
はインダクタが大変重要な役割を果たしていることがわかったので，インダク
タの両端電圧に着目してみよう。

図3.28に各種チョッパにおけるインダクタ電圧1周期分を示す。ここでは，
電源電圧 E はデューティ比が変化しても一定値であるとして，E の高さに相
当する部分を固定している。出力電圧 V_0 も出力に接続したキャパシタンスが
十分大きいという仮定の下で一定値として作図している。図（a）〜（c）はそ

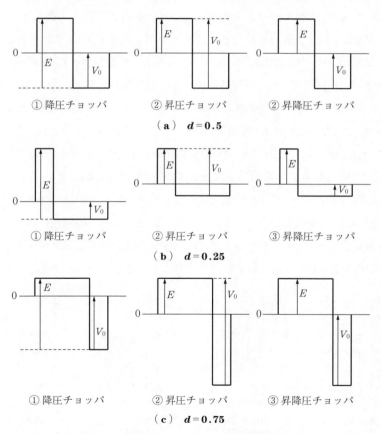

①降圧チョッパ　②昇圧チョッパ　②昇降圧チョッパ

（a）　$d=0.5$

①降圧チョッパ　②昇圧チョッパ　③昇降圧チョッパ

（b）　$d=0.25$

①降圧チョッパ　②昇圧チョッパ　③昇降圧チョッパ

（c）　$d=0.75$

図3.28　各種チョッパのインダクタ電圧の比較

れぞれ順にデューティ比を変えたものであり，①〜③はそれぞれ，降圧チョッパ，昇圧チョッパ，昇降圧チョッパの波形を示す。波形は定常状態を想定しており，正電圧部分の面積と負電圧部分の面積が等しくなる。まず，①降圧チョッパを見ると，インダクタの peak-peak 部分が電源電圧となっており，ゼロから下の部分が出力電圧となっている。②昇圧チョッパでは peak-peak が出力電圧であり，ゼロから上が電源電圧となっている。この波形を図3.21と一緒に見ると昇圧の原理が理解しやすい。③昇降圧チョッパでは電源電圧と出力電圧がゼロ点を境に加わっていることがわかる。

　つぎに，各回路のキャパシタ電流について比較してみよう。図3.29 にキャパシタ電流を示す。図（a）〜（d）各チョッパの動作条件はそれぞれ順に図3.16（降圧チョッパ），図3.20（昇圧チョッパ），図3.25（a）（昇降圧チョッパ降圧動作），図3.25（b）（昇降圧チョッパ昇圧動作）に示すとおりである。各チョッパはその動作原理が異なるが，使用している回路素子は同じ定数を用いており，出力の消費電力は同じとなるようにしてある。また，図3.29（a）と図（c），図（b）と図（d）は電力変換動作としては，それぞれ 12 → 5 V と 5 → 12 V となるように設定してあるので同条件で比較していることになる。まず，図（a）と図（b）を比較すると昇圧チョッパのほうがキャパシタの電流変動が大きいことがわかる。これは，昇圧チョッパの場合は降圧チョッパと比べてキャパシタへのエネルギーの出入りが激しいことを意味する。もし出力電圧の変動を同程度に設定した場合はより大きなキャパシタを用いる必要

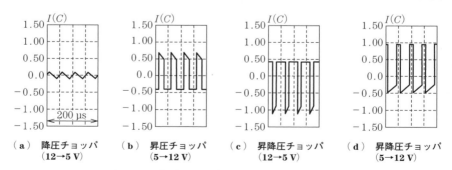

（a）　降圧チョッパ　　（b）　昇圧チョッパ　　（c）　昇降圧チョッパ　　（d）　昇降圧チョッパ
　　（12→5 V）　　　　 （5→12 V）　　　　　（12→5 V）　　　　　　（5→12 V）

図3.29　各種チョッパのキャパシタ電流の比較★

がある。図（b）と（d）を比較すると，同じ変換動作をしているにもかかわらず昇降圧チョッパのほうが電流の変動が大きい。降圧動作についても，同じ変換動作をしている図（a）と（c）を比較すると昇降圧チョッパのほうが圧倒的に電流の変動が激しいことがわかる。これは，各チョッパの負荷へのエネルギー供給経路によるものである。そこで，回路の各モードにおける負荷へのエネルギー供給源を考えてみる。

　①降圧チョッパ

　　Qオン：電源 E ＋インダクタ L ＋キャパシタ C（図3.14 モード1）

　　Qオフ：インダクタ L ＋キャパシタ C（図3.14 モード2）

　②昇圧チョッパ

　　Qオン：キャパシタ C のみ（図3.18 モード1）

　　Qオフ：電源 E ＋インダクタ L ＋キャパシタ C（図3.18 モード2）

　③昇降圧チョッパ

　　Qオン：キャパシタ C のみ（図3.18 モード1）

　　Qオフ：インダクタ L ＋キャパシタ C（図3.18 モード1）

　降圧チョッパがほかのチョッパと比較して特徴的なのは，どちらのモードでも負荷へは複数のエネルギー源が供給していることである。それに対して，昇圧チョッパ，昇降圧チョッパともにモード1ではキャパシタのみで負荷エネルギーを供給している。このことが，両チョッパのキャパシタの電流変動が大きいことの原因である。さらに，昇降圧チョッパはほかのチョッパには存在する電源からのエネルギー供給モードが存在しない。これは，図3.18を見てもわかるが，昇降圧チョッパの場合は一度インダクタにエネルギーを貯めて，それを負荷に引き渡していることになる。つまり，インダクタは負荷へ供給するエネルギーを一度すべて貯めなければならず，インダクタに大きな鉄心が必要となる。このように，昇降圧チョッパは電圧を変換する機能は万能であるが，出力電圧の変動が大きくなる，キャパシタに大容量のものが必要となる，インダクタの鉄心も大きなものが必要なる，などの欠点もあるため主として小容量の用途に用いられる。

3.2.5　実際のチョッパにおける注意点

実際のチョッパにおいては，いくつかの注意点があるので考えてみよう。

例えば，2.2節ではスイッチの切替え時には図2.7のように電圧電流ともに直線状に変化すると仮定した。しかし，実際の回路ではそのようにならない場合が多い。例えば，負荷にインダクタンス成分を持つ場合は，スイッチ切替え時の電圧と電流が**図3.30**のようになることがある。2章の章末問題**【5】**にあるように，このような波形となった場合はQのスイッチング損失が増えるため，設計には注意を要する。また，チョッパを実際に作成する場合には電流が急変する部分の配線をできる限り短くする必要がある。以上の注意点について詳細な解説はweb版†に掲載するので参照されたい。

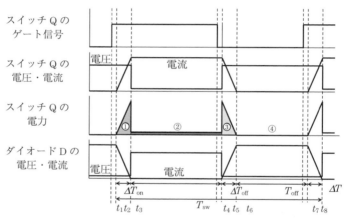

スイッチの切替え時にはスイッチングデバイスに大きな損失が発生する。

図3.30　スイッチ切替え時の動作（負荷にインダクタンスが存在する場合）

3.2.6　双方向チョッパ

電気自動車（EV）やハイブリッド電気自動車（HEV）を考えてみよう。通

---

†　web版については，目次最終ページの「本書ご利用にあたって」を参照。

常はバッテリーから電力を供給して電動機を駆動している。しかし，EV や
HEV は減速の際に電動機を発電機として動作させて，ブレーキとして使用す
ることができる。いわゆる回生ブレーキである。この場合，バッテリーと電動
機の間ではエネルギーの流れが双方向になる。これまで学んできたチョッパは
エネルギーの方向が電源から負荷への一方向である。そこで，エネルギーの流
れが両方となる**双方向チョッパ**という回路が考え出された。**図 3.31** が双方向
チョッパの一例である。ここでは，例えば A に電動機駆動システム，B にバ
ッテリーが接続されているとする。走行時は**図 3.32**（a）のように Q_1 をつね
にオフしておき，Q_2 を制御すると B を電源として A へ電力を供給する昇圧チ
ョッパとして働く。一方，図（b）のように Q_2 をオフにして Q_1 を制御する
と A から B へ電力を供給する降圧チョッパとして動作する。このように，エ

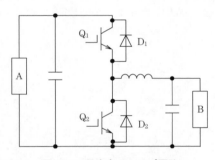

図 3.31　双方向チョッパ回路

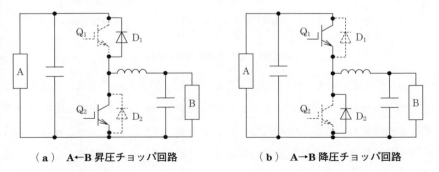

（**a**）　**A←B 昇圧チョッパ回路**　　　　（**b**）　**A→B 降圧チョッパ回路**

双方向チョッパ＝（A←B 昇圧チョッパ）＋（A→B 降圧チョッパ）

図 3.32　双方向チョッパ回路の原理

ネルギーの方向で昇圧と降圧の異なるチョッパとして動作することがわかる。双方向チョッパは電圧などの違いにより，ほかの回路方式も存在する。

3.2.7 出力象限の拡大

双方向チョッパでは出力電流を逆転することができた。つまり基本チョッパ（降圧・昇圧・昇降圧チョッパ）から見ると出力電流が逆転してマイナスとなったことになる。このことを電力変換器の出力象限で考えてみよう。

電力変換器の出力電圧・電流を電圧電流平面で考えると**図3.33**のようになる。パソコンの電源アダプタなどの電源から負荷に電力を供給する基本チョッパの出力は図（a）の示す第1象限のみの運転となる。双方向チョッパは蓄電装置のように充放電可能な用途に使われるため運転範囲が図（b）に示す第1象限＋第4象限である。双方向チョッパが2象限チョッパとも呼ばれる所以である。

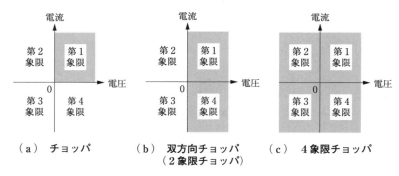

（a） チョッパ　　　（b） 双方向チョッパ　　　（c） 4象限チョッパ
　　　　　　　　　　　　（2象限チョッパ）

図3.33　電力変換器の出力象限

さらに出力範囲を拡大して電圧も逆転することができれば図（c）に示すように四つの全象限で運転可能となる。双方向チョッパを2台並列に用いて線間電圧を利用すればこのような運転が可能であり，4象限チョッパと呼ばれて回転方向を反転させる直流電動機の駆動などに用いられる。4象限チョッパは交流出力のインバータにつながっていくが，その詳細は次章で学ぶ。

3.3　DC-DC コンバータ

DC-DC コンバータとは直訳すると「直流-直流変換器」となって，チョッパも含むように思える。広い意味ではすべての直流-直流変換器を意味するが，狭い意味では途中で交流を介在させる絶縁型変換器の事を指す。実際に家電機器など不特定多数の人が使用する機器は安全のため回路の絶縁が必須である。絶縁型変換器は途中に絶縁のための変圧器を持つことになり，絶縁作用だけではなく変圧作用も期待できる。なお，絶縁の必要性については web 版[†]に解説するので参照されたい。

3.3.1　フォワードコンバータ

図 3.34（ a ）に示す降圧チョッパを絶縁することを考えよう。例えば，図中の丸で囲んだダイオード両端の電圧はスイッチング周波数の方形波状電圧になるので，ここで絶縁することを考える。この場所に変圧器を挿入すると図（ b ）のような回路となる。変圧器の変圧比を 1：1 だと仮定して変圧器を T 型等価回路で表すと図（ c ）のようになる。ここで問題となるのが励磁インダクタンス L_m である。

いま，漏れインダクタンス L_1，L_2 は L_m に比べて十分小さいとすると，L_1，L_2 における電圧降下は無視できて v_D がそのまま L_m に加わることになる。励磁電流 i_m は式（3.20）となる。

$$i_m = \frac{1}{L_m} \int v_D dt \tag{3.20}$$

したがって，v_D に図 3.34（ a ）の図のように電圧に直流成分が含まれていると励磁電流がどんどん大きくなって，しまいには鉄心が飽和してしまう。このように，変圧器を挿入することができるのは，電圧直流成分がゼロの箇所に限られるが，残念ながら降圧チョッパにそのような部分は存在しない。そこ

[†]　web 版については，目次最終ページの「本書ご利用にあたって」を参照。

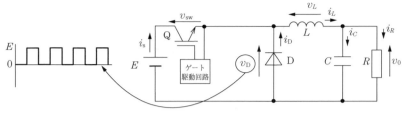

（**a**）　降圧チョッパのダイオード電圧

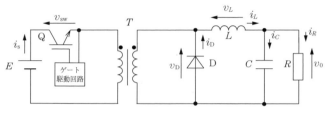

（**b**）　降圧チョッパに変圧器を挿入

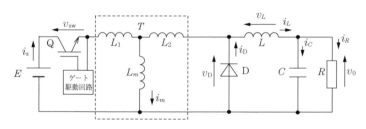

（**c**）　変圧器 **T** 型等価回路で表現した降圧チョッパの等価回路

図 3.34　降圧チョッパの絶縁化

で，変圧器に負電圧を加える回路を付加して，飽和の問題を回避する方法が提案されている。その方法には，いくつかの方法があるが，代表的な方法が**図3.35**（a）に示すようなリセット巻線を付加した**フォワードコンバータ**（forward converter）である。

　フォワードコンバータでは降圧コンバータのスイッチとダイオードの間に変圧器を入れたことに加えて太線で示した素子を追加している。特に，変圧器に追加した巻線の働きが重要となっている。以下，フォワードコンバータの回路

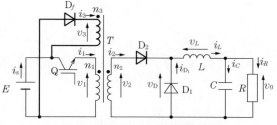

（a） 絶縁化に必要な追加箇所（太線部分）

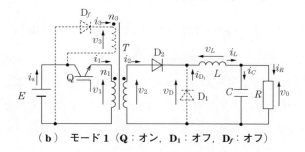

（b） モード 1 （Q：オン，D₁：オフ，D_f：オフ）

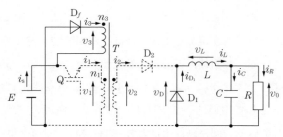

（c） モード 2 （Q：オフ，D₁：オン，D_f：オン）

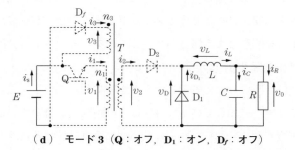

（d） モード 3 （Q：オフ，D₁：オン，D_f：オフ）

図 3.35 フォワードコンバータの原理回路図と動作

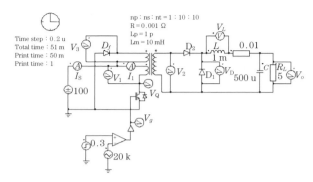

図3.36　フォワードコンバータのシミュレーション回路★

動作を考えてみる。ここでは，回路動作をシミュレーションの波形とともに見てみよう。図3.36にPSIMのシミュレーション回路を示す。ここで，注意したいのは3巻線変圧器のPSIM上での表示である。PSIMでは図中の右側の巻線がPrimary（一次巻線）であり，左側の二段になっている巻線の上がsecondary（二次巻線），下がtertiary（三次巻線）となっていて，巻線の順番が固定となっている。フォワードコンバータにおいては，二段になっている巻線の下を一次，上を三次巻線として使ったほうが回路図を書きやすいので図のように使用している。今回は，各巻線の巻数比を $n_1 : n_2 : n_3 = 10 : 1 : 10$ と設定したが，PSIM上では $n_p : n_s : n_t = 1 : 10 : 10$ という設定になっている。また，スイッチとして用いているIGBTの位置が，電源のプラス側からマイナス側に変更している。回路動作上はどちらでも同じであるが，マイナス側に配置するとエミッタが電源の接地と同電位となり，ゲート駆動回路の電源と主電源の接地電位が同一となるというメリットがある。したがって，実用的な回路ではこのような配置とする場合が多い。このシミュレーション回路のシミュレーション結果を図3.37に示す。ここでも，これまでのシミュレーションと同様に実際には2回に分けて表示したものを縦に並べて表示しており，またゼロ点については線を追加している。今回は，回路動作が見やすいように1スイッチング動作の波形を表示している。数周期に渡る動作は各自シミュレーションで確認されたい。以下，図3.35のモード別回路と図3.37の動作波形を見な

がら回路動作を考えてみよう。

（1）モード1（図3.35（b），図
3.37①）　図3.35（b）のようにス
イッチQがオンになると変圧器の一
次巻線電圧に直流電源電圧が加わり図
3.37（c）のように $v_1 = E = 100$ V と
なる。二次巻線電圧は $v_2 = (n_2/n_1)E$
$= (1/10) \times 100 = 10$ V となり，ダイオ
ード D_2 がオンになってインダクタへ
電流が流れる。このモードでは，環流
ダイオード D_1 の電圧が n_2/n_1 倍にな
り，二次電流 i_2 が電圧と逆に一次電
流の n_1/n_2 倍になることを除けば降圧
チョッパのモード1（図3.14（b））
に相当する動作モードである。ただ
し，一次電流 i_1 は二次電流 i_2（＝イ
ンダクタ電流 i_L）の一次換算値と励
磁電流 i_m の和，つまり，励磁電流分
だけ電流が増えている。しかし，励磁
電流分は大変小さく，例えば図3.35
の回路では負荷電流が600 mA 程度
（図3.37（g））でその一次換算値が
1/10 で 60 mA 程度（図3.37（f））
なのに対して，励磁電流の最大値が
1.5 mA 程度（図3.37（h））である。
この状態では負荷側のインダクタには
図3.35（b）のように $v_D - v_0 > 0$ の
電圧が加わり，インダクタの電流は増

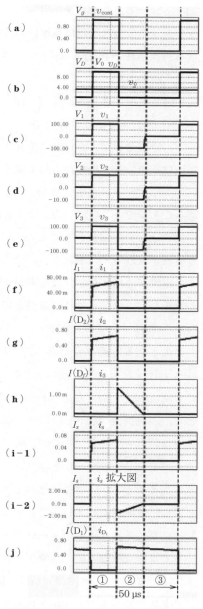

**図3.37　フォワードコンバータのシミュ
レーション動作波形★**

加する。一方，励磁電流 i_m はゼロから増え続けてモード 1 の終了時は最大となる。ここでは，励磁電流単独の波形は表示できないが，つぎのモード 2 における三次電流 i_3 は励磁電流のみであるため，モード 2 開始時の i_3 が励磁電流の最大値である。

（**2**）　**モード 2**（図 3.35（c），図 3.37②）　図 3.35（c）のようにスイッチ Q がオフになると図 3.37（f）のように一次巻線の電流はゼロとなる。一方，励磁インダクタンスに流れる励磁電流はすぐにはゼロにならない。励磁電流は巻線の巻き始めから見て変圧器に流れ込む方向の電流でなければならないが，二次巻線の電流 i_2 は D_2 が入っているので変圧器に流れ込む方向には流れることができない。一方，三次巻線電流 i_3 は D_f が接続されているが変圧器に流れ込む方向に流れることができるので，D_f がオンして励磁電流に相当する電流が流れる。このように，励磁電流は磁束を発生させる電流で，インダクタの電流が急変しないのは磁束が急変できないためである。今回のように複数の巻線を持つコイルでは磁束が連続していればどの巻線に電流が流れても問題ない。今回，モード 1 では i_1 によって磁束が発生したが，モード 2 では磁束を発生させる電流は i_3 に移ることになる。このモードでは，三次巻線の電圧 v_3 は $v_3 = -E$ となり，負の値となる。このとき，一次巻線に現れる電圧 v_1 は $v_1 = (n_1/n_3)(-E) = (10/10) \times (-100) = -100\,\mathrm{V}$ となる。負電圧が加わることで，励磁電流は図 3.37（h）のように減少してやがてゼロとなる。ゼロとなった時点でモード 2 の終了である。なお，電源電流 i_s はモード 1 では i_1 が流れ，モード 2 では $-i_3$ と等しい。図 3.37（i-1）を見ると i_s は i_1 と等しいように見えるが，0 V 付近を拡大した図 3.37（i-2）を見るとモード 2 では $-i_3$ と等しい電流が流れていることがわかる。つまり，モード 1 で励磁インダクタンスに蓄えられたエネルギーはモード 2 で電源に戻っているのである。このモードでは，負荷側の動作は降圧チョッパとまったく同じとなる。

（**3**）　**モード 3**（図 3.35（d），図 3.37③）　このモードでは，励磁インダクタンスのエネルギーがゼロとなり，変圧器に流れる電流はすべての巻線でゼロとなる。したがって，すべての巻線の電圧もゼロとなる。負荷側は降圧チ

ョッパとまったく同じ動作となる。

このように，リセット巻線である三次巻線の作用によって，変圧器の両端は正負両方の電圧を持った交流電圧となるため，鉄心の飽和が避けられることがわかる。励磁エネルギーがリセットされるためには，変圧器の電圧の平均がゼロであればよい。したがって，例えば $n_1 = n_3$ であればスイッチがオンになっている時間と同じだけの時間がリセットに必要となり，デューティ比は0.5以下に制限されることがわかる。n_1/n_3 を大きくすれば，モード2のときに一次巻線に現れる負電圧の大きさが大きくなるためリセット時間が短くなりデューティ比を大きく取ることができる。しかし，モード2のときにスイッチ Q に加わる電圧は $E - v_1$ であるためスイッチに加わる電圧が大きくなり，耐圧の高いスイッチングデバイスが必要となってしまう。

ここで，降圧チョッパと比較したフォワードコンバータの特徴をまとめてみよう。

① 出力電圧は，降圧チョッパが dE であるのに対して，フォワードコンバータは $dE(n_2/n_1)$ となる。

② 励磁磁束をゼロとするリセット動作のため，デューティ比をあまり大きく取ることができず，制限がある。

③ スイッチのオフ時に加わる電圧が大きくなる。

3.3.2 フライバックコンバータ

図3.38を見てみよう。（a）は昇降圧チョッパである。昇降圧チョッパのインダクタ部分を（b）のように変圧器で置き換えてみよう。インダクタは変圧器の励磁インダクタンスで代用可能である。インダクタ部分を置き換えているため，もともとこの部分の電圧は定常状態では平均値がゼロとなるように動作している。したがって，フォワードコンバータのように特別な工夫が必要なく，絶縁化が可能となっている。この回路を**フライバックコンバータ**と呼ぶ。

しかも，図3.38（c）のように，変圧器を介することで二次側の極性を反転させることが可能であり，接地を自由に取ることもできる。巻線を上下逆に

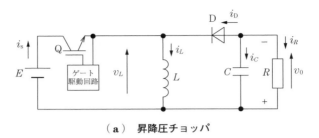

（a）　昇降圧チョッパ

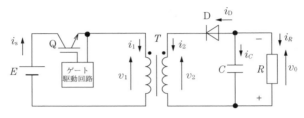

（b）　昇降圧チョッパのインダクタンス部分を変圧器に置換え

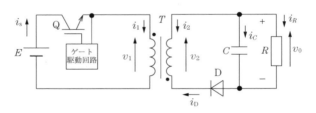

（c）　変圧器二次側を上下反転

図3.38　フライバックコンバータの原理

接続すれば負側を基準電位に取ることも可能である。つまり，昇降圧チョッパ
において出力電圧が反転してしまうという欠点を回避できることになる。しか
し，変圧器の鉄心に負荷エネルギーを一旦蓄えなければならないという特徴は
同じであり，変換器容量に対して変圧器は大きくなる。そのほかの動作は，出
力電圧に変圧器の巻数比を掛けること以外は昇降圧チョッパと同一である。

3.3.3　ほかの絶縁型コンバータ

ほかにも種々の絶縁型コンバータが提案されている。例えば，**図3.39**に

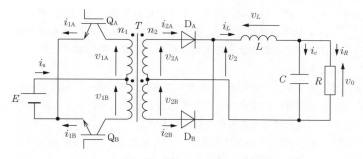

図 3.39　プッシュプルコンバータ

プッシュプルコンバータの回路図を示す。プッシュプルコンバータも降圧チョッパがベースとなった回路である。プッシュプルコンバータはフォワードコンバート比較して出力可能な電圧の範囲が広がる。詳細な動作は web 版[†]を参照されたい。

章 末 問 題

【1】 図 **3.40** に示すように 1 mH のインダクタに電流が流れた。その際の両端電圧を図示しなさい。ゼロ点は適当に決めてわかるように書きなさい。また，簡単に計算の過程も書くこと。

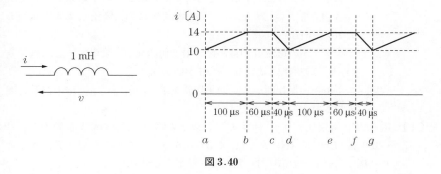

図 3.40

【2】 図 **3.14**（a）の降圧チョッパ回路について，以下の問いに答えなさい。ただし，回路動作は定常状態で，$E = 24\ \mathrm{V}$，$L = 900\ \mu\mathrm{H}$，$R = 2\ \Omega$ であり，ス

---

† web 版については，目次最終ページの「本書ご利用にあたって」を参照。

イッチング素子 Q には，スイッチング周波数 $f_{sw}=5\,\mathrm{kHz}$，デューティ比 d $=0.25$ の制御信号を与えた。また，キャパシタンス C は十分大きくその端子電圧一定だと仮定することができる。各部の電圧電流は矢印の向きを正方向とする。

(1) インダクタの電圧 v_L を書きなさい。その際に，電圧ゼロの線を適当に引き，面積が等しくなる部分を明示しなさい。この段階では電圧の値自体は書き入れなくてもよい。

(2) 出力電圧 v_0 および電流 i_R の値を求めなさい。この値からインダクタの電圧を計算して書き入れなさい。

(3) インダクタの電流 i_L の最高値と最低値の差（＝変動幅）を求めなさい。計算の過程も省略せずに書きなさい。

(4) i_L の平均値を求め，i_L，i_s，i_D，i_C の波形を書きなさい。波形を書く際には，最大値および最小値を記入すること。

(5) PSIM を使用できる環境を持っている場合は，上記の動作を PSIM を用いて確認しなさい。

【3】 図 3.18（a）の昇圧チョッパ回路について，以下の問いに答えなさい。ただし，$E=200\,\mathrm{V}$，$L=1\,\mathrm{mH}$，$R=10\,\Omega$，キャパシタンス C は十分大きいためその電圧は定常状態で一定だと仮定する。各部の電圧電流は矢印の向きを正方向とする。

(1) スイッチング素子 Q のゲートに，スイッチング周波数 $10\,\mathrm{kHz}$，デューティ比 0.6 のゲート信号を与えた。このときのインダクタの電圧 v_L を書きなさい。また，この波形をもとに出力電圧 v_0 および電流 i_0 の値を求めなさい。

(2) インダクタの電流 i_s の最高値と最低値の差（＝変動幅）を求めなさい。計算の過程も省略せずに書きなさい。

(3) エネルギー保存則から i_s の平均値を求め，i_s，i_Q，i_D，i_C の波形を書きなさい。

【4】 図 3.23 の昇降圧チョッパについて，以下の問いに答えなさい。ただし，$E=100\,\mathrm{V}$，$L=200\,\mathrm{\mu H}$，$R=5\,\Omega$ であり，キャパシタンス C は十分大きく定常状態においてその電圧は一定だとみなすことができる。

(1) Q にオン時間 $T_{on}=10\,\mathrm{\mu s}$，オフ時間 $T_{off}=20\,\mathrm{\mu s}$ であるようなスイッチ制御信号を与えた。この回路のスイッチング周波数 f_{sw}，デューティ比 d を求めなさい。

(2) インダクタ電圧 v_L を書き，その結果をもとに，出力電圧 v_0 を求めな

さい（符号に注意）。

（3）　インダクタ電流の1周期当りの変動を求めなさい。

（4）　キャパシタ電流 i_C の波形を求めなさい。その根拠も示しなさい。その結果をもとにインダクタ電流 i_L および電源電流 i_s の波形を書きなさい。また，入出力間のエネルギー保存則が成り立っていることを確認しなさい（ヒント：インダクタ電流の平均値を考えるとよい）。

（5）　スイッチのゲート駆動信号 v_{sw}，スイッチの両端電圧 v_Q，i_s，i_D の波形を書きなさい。

4. 直流‒交流変換回路
（インバータ）

インバータ（inverter）は，直流を交流に変換するための電力変換回路である。交流といっても，その出力波形の周波数や振幅は一定である必要はなく，任意の波形を出力できる。このため，インバータは電力系統に用いられる大容量のものから，電気自動車やハイブリッド自動車の電動機駆動用，インバータエアコン等の家電製品，オーディオ用のデジタルアンプまで，非常に幅広く利用されている。インバータには数多くの回路構成が存在するが，本書では，中でも代表的なインバータである電圧形インバータを中心に取り上げる。本章では，インバータの種類，回路構成，基本動作原理，制御法，および応用例について述べる。

4.1 インバータの種類

インバータには非常に多くの回路方式が存在するが，その中でも主要なインバータの分類を図 4.1 に示す。インバータは，大きく分けて**電圧形インバータ**と**電流形インバータ**に分類できる。また，それぞれ出力の相数によっても分類できる。さらに，使用するスイッチの数を減らすことが可能なハーフブリッジインバータや V 結線インバータ，一般的な構成であるフルブリッジインバー

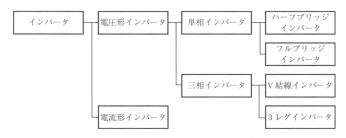

図 4.1 主要なインバータの分類

タや3レグインバータなど，回路構成により分類できる。**図4.2**は，理想スイッチを用いた場合の単相電圧形インバータと単相電流形インバータである。図に示すように，電圧形インバータは直流電圧源を入力側に持ち，電流形インバータは直流電流源を入力側に持つ。

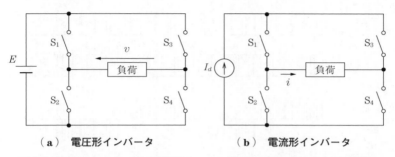

（**a**） 電圧形インバータ 　　　　　（**b**） 電流形インバータ

図4.2 電圧形インバータと電流形インバータ（単相，理想スイッチの場合）

図4.2に示す電圧形および電流形インバータは，それぞれ**図4.3**に示すようにスイッチS_1〜S_4をオンオフすることにより，負荷に方形波状の交流電圧を加えたり，交流電流を流すことができる。なお，図4.3で，電圧形インバータの電流波形は，出力にRL負荷を接続した場合の波形である。電流形インバータの電圧波形は，RC負荷を接続した場合の波形である。また，図4.3で，$\bar{S}_2$，$\bar{S}_4$は論理反転（例えば，$\bar{S}_2$＝onのとき，S_2＝off）を意味する。

ところで，インバータの出力電圧，電流の周波数を変えるには，オンオフ信

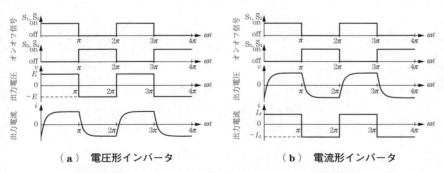

（**a**） 電圧形インバータ 　　　　　（**b**） 電流形インバータ

図4.3 電圧形インバータと電流形インバータのオンオフ信号と出力波形

号の周波数を変えればよい。また，スイッチ S_1〜S_4 のオンオフ信号を，後述する**正弦波パルス幅変調**（sinusoidal pulse width modulation：**SPWM**）により生成すると，**図4.4** に示すように，RL 負荷を接続した電圧形インバータ

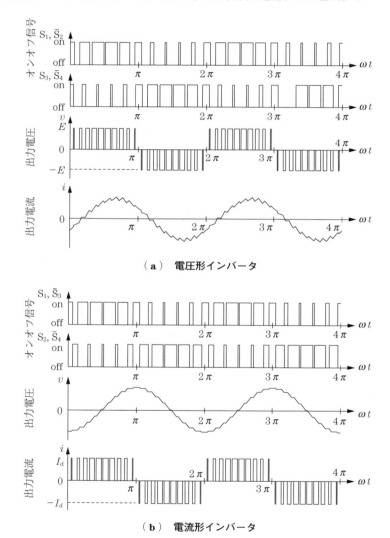

（**a**）　電圧形インバータ

（**b**）　電流形インバータ

図4.4　電圧形インバータと電流形インバータの正弦波 PWM 制御時の
オンオフ信号と出力波形

では電流を，RC 負荷を接続した電流形インバータでは電圧を正弦波状にすることができる。正弦波 PWM 制御法の詳細については，4.6 節で述べる。

　実際のインバータでは，それぞれ**図4.5** に示す回路構成が用いられる。図（a）に示すように，実用の電圧形インバータでは，**直流リンク**部[†1] の電圧を一定に保つために，平滑コンデンサが入力側（直流側）に接続される。また，電流形インバータの電流源は，図（b）に示すように，電圧源に電流制御を施した可変電圧源とインダクタにより構成するのが一般的である。

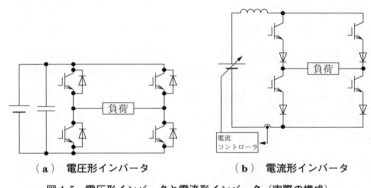

（a）　電圧形インバータ　　　　　　　**（b）　電流形インバータ**

図4.5　電圧形インバータと電流形インバータ（実際の構成）

　また，電圧形インバータでは，誘導性負荷を接続した場合の電流経路を確保するために，スイッチと逆並列[†2] にダイオードを接続する必要がある（図2.31 参照）。このダイオードは，**環流ダイオード**（free wheeling diode：**FWD**）と呼ばれている。一方，電流形インバータを逆阻止能力を持たないパワーデバイス[†3] を用いて構成し，出力に容量性負荷を接続した場合には，デバイスと直列にダイオードを接続する必要がある（図2.33 参照）。本章では，図4.1 の分類の中で，現在主流となっている電圧形インバータを中心に説明する。

---

†1　インバータ回路の入力部の電圧（電流形では電流）は，直流となる。この部分の接続のことを直流リンクと呼び，ほかにも DC リンク，直流バス，DC バスなどの呼び名がある。

†2　逆並列とは，電流の流れる向きをたがいに逆向きになるように，並列接続することである。

†3　逆阻止能力を持つパワーデバイスとして GTO が挙げられるが，IGBT に逆阻止能力を持たせた逆阻止 IGBT が，一部の半導体メーカーから市販されている。

4.2 電圧形インバータの基本回路と基本動作

電圧形インバータの基本回路を**図4.6**に示す。図4.6（a）の回路は，図3.31の双方向チョッパ回路の一部と同じ構成になっている。図4.6（b），（c）の点線で描かれた部分は，オン信号が入力されていない（オフ状態の）スイッチである。電圧形インバータは，主デバイスと主デバイスに逆並列に接続されたダイオードにより構成された**アーム**（arm）を上下に配置した**レグ**（leg）を組み合わせて構成される。上下のアームは，同時に導通することはない。すなわち，**上アーム**（upper-arm）のスイッチ S_1 がオンしているときには，**下アーム**（lower-arm）のスイッチ S_2 は必ずオフし，S_2 がオンしているときには，S_1 はオフする。図4.6の回路で，点 N を基準とした点 M の電位 v_{MN} を考えると S_1 がオンしているときには，E〔V〕となり，S_2 がオンしているときには，0 V となる。スイッチ S_1 のデューティ比を d とすると，スイッチ S_2 のデューティ比は $1-d$ になる。このとき，v_{MN} の各スイッチング周期における平均値 V_{MN} を考えると，スイッチ S_1 のデューティ比が d の場合には，$V_{MN}=dE$ となる。すなわち，デューティ比 d を変化させることで，V_{MN} を自由に変化させることができる。このことを念頭に置きながら，各種電圧形インバータの動作原理について説明する。

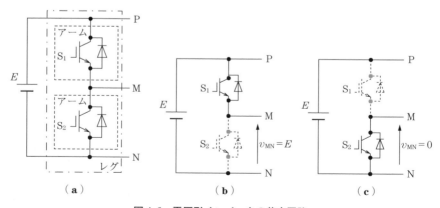

（a）　　　　　　　　　（b）　　　　　　　　　（c）

図4.6　電圧形インバータの基本回路

4.3 単相電圧形インバータ

単相電圧形インバータは，バッテリー，太陽電池，燃料電池や整流した後の直流電圧から単相商用[†]交流電圧を生成する用途に主として用いられる。例えば，太陽光発電に用いる系統連系用インバータや，車内で商用電源が必要な機器を使用するときに用いる車載用インバータ，無停電電源装置などで用いられている。

4.3.1 ハーフブリッジインバータ

ハーフブリッジインバータの回路図と動作モードを**図4.7**に示す。図（a）よりわかるように，ハーフブリッジインバータは，図4.6（a）の電圧形インバータの基本回路の直流電源を二つの電圧源に等分割し，その中性点Aとレ

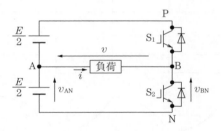

（**a**）　回路図

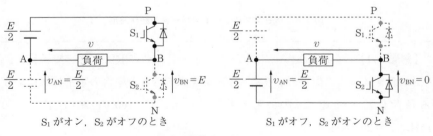

S_1がオン，S_2がオフのとき　　　　S_1がオフ，S_2がオンのとき

（**b**）　動作モード

図4.7　ハーフブリッジインバータと動作モード

---

† 商用とは，電力会社が供給している電源で，東日本では50Hz，西日本では60Hzの周波数の交流電力が送電線を経て一般需要家に供給されている。

グの出力点 B の間に負荷を接続した回路構成になっている。先に述べたように，S_1，S_2 をオンオフすることで，点 N を基準とした点 B の電位は 0 V，または E〔V〕となる。また，点 A の電位は $E/2$〔V〕である。したがって，点 A と点 B の間の電圧は，$E/2-0=E/2$，$E/2-E=-E/2$〔V〕となるので，最終的に負荷に印加できる電圧 v は $\pm E/2$〔V〕になる。図 4.8 に，S_1 のデューティ比が 0.5 のときの，点 N を基準とした点 A および点 B の電圧 v_{AN}，v_{BN}，負荷に印加される出力電圧 v の波形，RL 負荷の場合の出力電流 i の波形を示す。

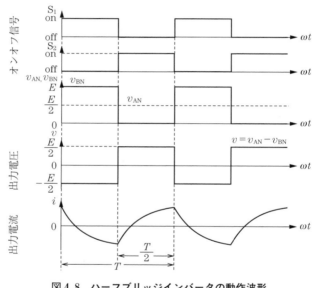

図 4.8　ハーフブリッジインバータの動作波形

【例題 4.1】　図 4.7 のハーフブリッジインバータに RL 負荷を接続し，図 4.8 に示すオンオフ信号のようにスイッチを動作させた場合の定常状態における負荷に流れる電流 i の波形を描け。なお，$E=100$ V，$R=5$ Ω，$L=20$ mH，$T=20$ ms とする。

解答　定常状態において，スイッチ S_1 がオンしている期間を考える。スイッチ S_1 がオンした瞬間を $t=0$ s とし，負荷に流れる電流の値を I_a とする。このとき，負荷の電流 i は次式で表すことができる。

$$i(t) = \frac{-E}{2R}(1 - e^{-(R/L)t}) + I_a e^{-(R/L)t} \tag{4.1}$$

定常状態では，負荷に流れる平均電流は 0 になることから，$t = T/2$〔s〕のときの負荷電流値は $-I_a$ となる。したがって，次式のように求められる。

$$i\left(\frac{T}{2}\right) = \frac{-E}{2R}(1 - e^{-RT/(2L)}) + I_a e^{-RT/(2L)} = -I_a \tag{4.2a}$$

$$I_a = \frac{E}{2(1 + e^{-RT/(2L)})R}(1 - e^{-RT/(2L)})$$

$$= \frac{100}{10(1 + e^{-5/2})}(1 - e^{-5/2}) \doteqdot 8.48 \tag{4.2b}$$

これより，電流波形は**図 4.9** に示す波形となる。   ◇

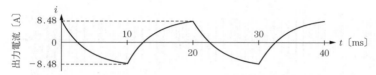

図 4.9 ハーフブリッジインバータに RL 負荷を接続した場合の電流波形

【例題 4.2】 すでに学んだように，パワーエレクトロニクス回路の性能を示す指標に波形の歪率（THD）がある。図 4.7 のハーフブリッジインバータを図 4.8 に示すように動作させた場合の出力電圧 v の歪率を求めよ。

解答 図 4.8 の出力電圧 v のフーリエ級数展開は，偶数次高調波は 0 になるため $n = 2m - 1$（m は正の整数）とすると，次式で求められる。

$$v = \sum_{m=1}^{\infty} \frac{2E}{(2m-1)\pi} \sin(2m-1)\omega t \tag{4.3}$$

したがって，基本波（$n = m = 1$）の実効値は $\sqrt{2}\,E/\pi$ となる。また，出力波形の実効値が $E/2$ であることを利用すると，高調波の実効値の和は $\sqrt{(E/2)^2 - (\sqrt{2}\,E/\pi)^2}$ となる。したがって，THD は以下となる。

$$\text{THD} = \frac{\sqrt{E^2/4 - 2E^2/\pi^2}}{\sqrt{2}\,E/\pi} \doteqdot 0.48 \tag{4.4} \quad ◇$$

つぎに，S_1 のデューティ比 d をスイッチング周期 T_s ごとに，次式のように変化させた場合を考える。

$$d = \frac{1}{2}\{a\sin(\omega k T_s) + 1\} \quad (k = 0,\ 1,\ 2,\ \cdots) \tag{4.5}$$

ただし，ω は出力信号の角周波数〔rad/s〕で，a は出力信号の**変調度**（$0 \le a \le 1$），$T_s \ll 2\pi/\omega$ とする。

このようにスイッチ S_1，S_2 に対するオンオフ信号を与えたハーフブリッジインバータに RL 負荷を接続した場合の動作波形を**図 4.10** に示す。この図を見ると電流が正弦波に近くなっていることがわかる。これは，後述する PWM 制御と呼ばれる制御法である。ハーフブリッジインバータでは，PWM 制御を行うことにより，式（4.5）の変調度 a により出力電圧の振幅を，角周波数 ω により出力電圧の周波数を変化させることができる。

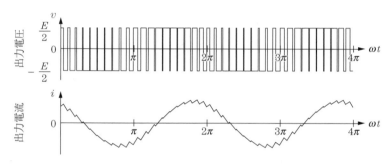

図 4.10 デューティ比をスイッチング周期ごとに変化させた場合のハーフブリッジインバータの動作波形

4.3.2 フルブリッジインバータ

フルブリッジインバータの回路図を**図 4.11** に示す。フルブリッジインバータは，図 4.6 の電圧形インバータの基本回路のレグを二つ並列に接続し，それぞれのレグの出力端子間に負荷を接続した回路構成になっている。この回路構成

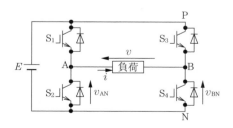

図 4.11 フルブリッジインバータ

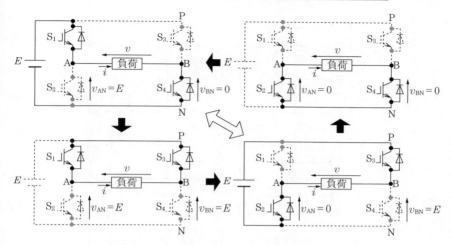

図4.12 フルブリッジインバータの動作モード

からHブリッジインバータと呼ばれることもある。**図4.12**にフルブリッジイン
バータの動作モードを示す。スイッチ S_1〜S_4 がオンオフすることで，点Nを基
準とした点Aおよび点Bの電圧 v_{AN}, v_{BN} は0V，または E〔V〕となる。した
がって，フルブリッジインバータでは，負荷に印加できる出力電圧 v は，それ
ぞれ0V，または $\pm E$〔V〕となる。**図4.13**にフルブリッジインバータのスイ
ッチ S_1〜S_4 のオンオフ信号と，各部波形を示す。図4.13では，スイッチ S_3,
S_4 のオンオフ信号をスイッチ S_1, S_2 のオンオフ信号に対して，それぞれ $(\pi-\alpha)$
遅らせた場合の波形である。この α を**位相シフト量**という。フルブリッジイン
バータの出力電圧の大きさを変える方法の一つとして，位相シフト量 α を変化
させる制御法がある。この制御法を，**パルス幅制御**，または位相シフト制御と
呼ぶ。

　パルス幅制御を行った場合，図4.12の黒く塗りつぶした矢印に沿ってモー
ドが変化する。また，パルス幅制御を行わない場合（$\alpha=0$ のとき）には，二
つのモードを交互に白抜き矢印のように繰り返す。

　図4.13に示す出力電圧 v のフーリエ級数展開は，以下のように求められる[†]。

[†] ここでは，計算を容易にするため，波形を $\alpha/2$ 正（右）方向にシフトして計算を行っ
た。このようにすることで，正弦波成分のみの計算ですむ。

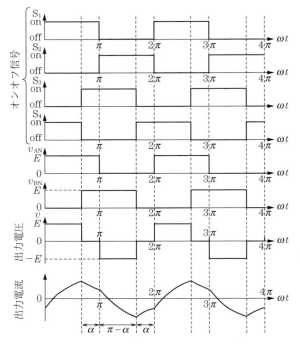

図4.13　フルブリッジインバータの動作波形

$$b_n = \frac{1}{\pi}\left\{\int_{\alpha/2}^{\pi-\alpha/2} E\,\sin(n\omega t)\,d\omega t + \int_{\pi+\alpha/2}^{2\pi-\alpha/2} -E\,\sin(n\omega t)\,d\omega t\right\}$$

$$= \frac{2E}{n\pi}\cos\frac{n\alpha}{2}(1-\cos n\pi)\quad(n=1,\ 2,\ \cdots)\tag{4.6}$$

n が偶数のときには，$b_n=0$ となるので，$n=2m-1$（ただし，$m=1,2,\cdots$）と置き換えると次式が得られる。

$$v = \sum_{n=1}^{\infty} b_n\sin n\omega t = \sum_{m=1}^{\infty} b_m\sin[(2m-1)\omega t]$$

$$= \sum_{m=1}^{\infty}\frac{4E}{(2m-1)\pi}\cos\frac{(2m-1)\alpha}{2}\sin[(2m-1)\omega t]\tag{4.7}$$

ここで，ω は，スイッチ $S_1 \sim S_2$ のオンオフ信号の周期を T とすると，$\omega = 2\pi/T$ で表される。位相シフト量 $\alpha=0$ のときの基本波成分の振幅を基準に取り，α に対する基本波と各高調波成分の割合を示したものが**図4.14**である。

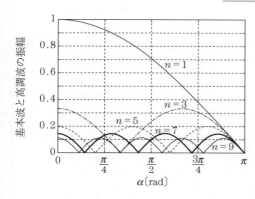

図 4.14 $\alpha = 0$ の基本波成分の振幅を基準とした，位相シフト量 α に対する基本波と各高調波成分の振幅

【例題 4.3】 図 4.11 のフルブリッジインバータの位相シフト量 α に対する出力電圧の実効値を図示せよ。ここで，位相シフト量は α （$0 \le \alpha \le \pi$）とする。

解答 位相シフト量を α としたときのフルブリッジインバータの出力電圧波形は，図 4.13 の v となる。したがって，出力電圧の実効値は次式で求められる。

$$V_{\mathrm{RMS}} = \sqrt{\frac{1}{T}\int_0^T v^2 dt} = \sqrt{\frac{1}{\pi}\int_0^{\pi-\alpha} E^2 d\theta} = \sqrt{\frac{\pi-\alpha}{\pi}} E \tag{4.8}$$

これを図示すると**図 4.15** のようになる。

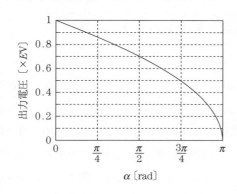

図 4.15 フルブリッジインバータのパルス幅制御時の位相シフト量 α に対する出力電圧実効値

◇

フルブリッジインバータのパルス幅制御では，周波数についてはパルスの周期 T により可変することができ，出力電圧の実効値は式（4.8）よりわかるように，位相シフト量 α により可変することができる。ただし，図 4.14 よりわかるように，基本波および各高調波成分を個別に制御することができない。こ

れを行う方法については，4.6節で述べる。

　フルブリッジインバータについても，ハーフブリッジインバータ同様，スイッチのデューティ比を時間的に変化させることでPWM制御が可能である。

■ デッドタイム ■

　理想的には，電圧形インバータの上下アームのスイッチの切替えを同時に行うが，すでに学んだように，IGBTなど実際のパワーデバイスでは，理想スイッチと異なりオン-オフの切替え時に有限の時間を要する。したがって，上下アームのスイッチが同時に導通し直流電圧源が短絡するのを避けるために，**図1**に示すようにターンオン時に**デッドタイム**（dead time）と呼ばれるむだ時間を挿入する。

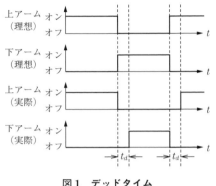

図1　デッドタイム

4.4　三相電圧形インバータ

　エアコンのコンプレッサや電気自動車，ハイブリッド自動車の駆動用モータには，おもに永久磁石同期電動機が用いられている。この電動機の駆動には，**三相電圧形インバータ**が用いられる。三相電圧形インバータには，インバータ基本回路のレグを三つ並列に接続し，それぞれのレグの出力点に三相負荷を接続する**3レグインバータ**と，レグを二つ並列に接続し，各レグの出力点に三相負荷の二つの端子を接続し，直流電源を二つの電圧源に等分割し，その中性点に三相負荷の残りの端子を接続する**V結線インバータ**がある。一般的に三相インバータといえば前者を指すことが多い。

4.4.1 3レグインバータ

図4.16 の三相電圧形インバータは，インバータ基本回路のレグを三つ並列に接続し，それぞれのレグの出力点に三相負荷を接続した回路構成になっている。このため **3レグインバータ** と呼ばれることもある。

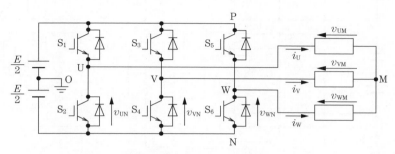

図4.16　三相電圧形インバータ（3レグインバータ）

三相電圧形インバータの各レグのスイッチは，上下いずれか一方が導通する[†]。したがって，動作モードは，六つのスイッチ S_1〜S_6 のオンオフの組合せにより，**図4.17** に示す 8（$=2^3$）通りある。図4.17 よりわかるように，スイッチ S_1〜S_6 のオンオフに対応させて電源と負荷の接続関係を等価回路として描くとわかりやすい。同図で，直流電源電圧の中性点である点 O を基準とした場合には，点 U，点 V，点 W の電圧は，それぞれ $\pm E/2$〔V〕になる。また，点 N を基準とした点 U，点 V，および点 W の電圧は 0 V，または E〔V〕となる。したがって，三相負荷に印加できる線間電圧 v_{UV}，v_{VW}，v_{WU} は，0 V，または $\pm E$〔V〕である。

三相電圧形インバータの出力電圧について，後述する，**電圧ベクトル** と呼ばれる表現方法がある。図4.17 の最初の六つの動作モードは，基本電圧ベクトルが出力可能で，最後の二つの動作モードはゼロ電圧ベクトルが出力できる。

スイッチ（S_1, S_2）のオンオフ信号に対し，スイッチ（S_3, S_4）のオンオフ

[†]　上側のスイッチが導通している場合を“1”，下側のスイッチが導通している場合を“0”として，U，V，W 相の各レグの状態を（1, 0, 0）などのように表す場合もある。

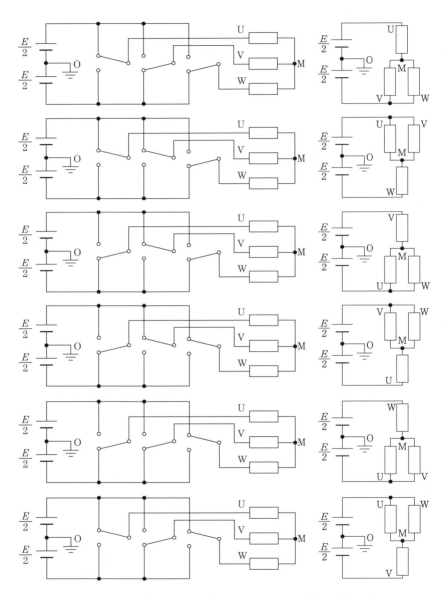

図 4.17　3 レグインバータの動作モードと電源と負荷の接続状態

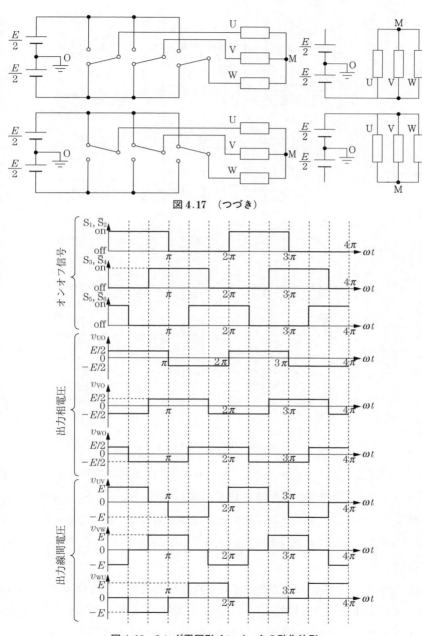

図 4.17 （つづき）

図 4.18 3 レグ電圧形インバータの動作波形

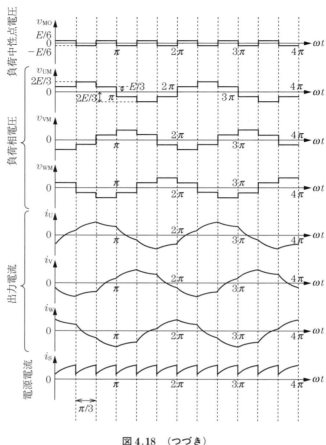

図 4.18 （つづき）

信号の位相を 120°，スイッチ（S_5, S_6）のオンオフ信号の位相を 240° 遅らせ
て入力した場合の動作波形を**図 4.18** に示す。図で，$\bar{S}_2$, $\bar{S}_4$, $\bar{S}_6$ は論理反転を
意味する。例えば，$\bar{S}_2$ がオン状態のときには，S_2 がオフ状態であることを表
している。以下，図 4.18 を参照しながら三相電圧形インバータの動作につい
て説明する。

　先に述べたとおり，直流電源電圧の中性点 O を基準とした場合の点 U，点
V，点 W の電圧（出力相電圧）は，図 4.18 に示すように，スイッチ S_1〜S_6
のオンオフ状態により $\pm E/2$ が出力される。また，出力線間電圧は，出力相

電圧より次式で求めることができる。

$$v_{UV} = v_{UO} - v_{VO} \tag{4.9}$$

$$v_{VW} = v_{VO} - v_{WO} \tag{4.10}$$

$$v_{WU} = v_{WO} - v_{UO} \tag{4.11}$$

いま，三相各相のインピーダンスがすべて等しい三相平衡負荷が出力に接続されているものとすると，負荷の中性点 M と直流電圧の中性点 O 間の電圧（負荷中性点電圧）v_{MO} は，図 4.18 に示すように，振幅が直流電源電圧 E の1/6で，周波数が出力電圧の基本波の 3 倍の方形波となる。さらに，負荷相電圧は，出力相電圧と v_{MO} より次式で求められる。

$$v_{UM} = v_{UO} - v_{MO} \tag{4.12}$$

$$v_{VM} = v_{VO} - v_{MO} \tag{4.13}$$

$$v_{WM} = v_{WO} - v_{MO} \tag{4.14}$$

　出力電流は，負荷相電圧と各相の負荷の値を用いて計算で求めることができる。電源電流は，上下アームのスイッチで，一つだけオンしているスイッチがある相の出力電流が切り取られた形で流れる。例えば，$\omega t = 0$ から $\pi/3$ の期間では，下アームでは，V 相のスイッチ S_4，上アームでは，U 相と W 相のスイッチ S_1 と S_5 がオンしているので，V 相に流れる電流を正負反転させた電流が直流電源に流れる。この直流電流波形を見るとわかるように，電源には出力電圧の基本波周波数の 6 倍の周波数成分を含んだ直流電流が流れる。

【例題 4.4】 図 4.18 の負荷相電圧 v_{UM} のフーリエ級数展開を求めよ。

解答　図 4.18 の負荷相電圧 v_{UM} のフーリエ級数展開を考える。v_{UM} の波形を見るとわかるように，正弦波成分のみで表すことができる。したがって，フーリエ級数の係数は次式で求められる。

$$
\begin{aligned}
b_n &= \frac{1}{\pi} \int_0^{2\pi} v_{UM} \sin n\theta \, d\theta \\
&= \frac{1}{\pi} \Bigg(\int_0^{\pi/3} \frac{E}{3} \sin n\theta \, d\theta + \int_{\pi/3}^{2\pi/3} \frac{2E}{3} \sin n\theta \, d\theta + \int_{2\pi/3}^{\pi} \frac{E}{3} \sin n\theta \, d\theta \\
&\quad - \int_{\pi}^{4\pi/3} \frac{E}{3} \sin n\theta \, d\theta - \int_{4\pi/3}^{5\pi/3} \frac{2E}{3} \sin n\theta \, d\theta - \int_{5\pi/3}^{2\pi} \frac{E}{3} \sin n\theta \, d\theta \Bigg)
\end{aligned}
$$

$$= -\frac{4E}{3n\pi}\left[\cos\left(\frac{2n\pi}{3}\right)+\cos n\pi+\cos\left(\frac{4n\pi}{3}\right)\right]\sin^2\left(\frac{n\pi}{3}\right) \tag{4.15}$$

式（4.15）は，n が 3 の倍数を除く偶数のときには中括弧内が，3 の倍数のときには $\sin^2(n\pi/3)$ が 0 になるので，$n=6m\pm1$ と置くと，最終的に，次式が得られる。

$$v_{\mathrm{UM}}=\sum_{m=1}^{\infty}\frac{2E}{(6\,m\pm1)\,\pi}\sin\{(6m\pm1)\,\omega t\} \tag{4.16}$$

ここで，m は，$(6m+1)$ に対しては $m=0,\,1,\,\cdots,\,(6m-1)$ に対しては $m=1,$ 2，$\cdots$ である。   ◇

三相インバータも，これまでのインバータと同様に正弦波 PWM 制御法などの方法によりオンオフ信号を生成することで，出力波形を正弦波状にすることができる。

4.4.2 V 結線インバータ

三相負荷に対して電力を供給する方法として，**図 4.19** に示す回路構成のインバータを用いることもできる。図 4.19 のインバータは，その回路構成から **V 結線インバータ** と呼ばれたり，4 アーム方式三相インバータと呼ばれている。

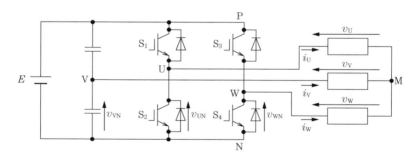

図 4.19 V 結線インバータ

この回路方式では，スイッチとして用いるパワーデバイスの数を通常の三相 3 レグインバータよりも，二つ減らすことができ回路の小型化が期待できる。ただし，直流電源電圧を二つに分割する必要がある。容量の等しい二つのキャパシタを直列接続することにより，直流電源電圧を分割する方法があるが，分割した二つの電圧が均等になるように制御を行う必要がある。また，負荷に対し

ては, 線間電圧を供給することになるため指令値の与え方に注意が必要である。

図 4.16 の三相電圧形インバータでは, ゼロ電圧ベクトルが利用できるが, この回路方式ではゼロ電圧ベクトルを作ることができないため, 出力電流の脈動が増加してしまう欠点もある。そのほか, 三相電圧形インバータと同じ出力電圧を得るためにより高い入力電圧が必要となり, 耐圧の高いパワーデバイスを使用する必要が生じる。

4.5　マルチレベルインバータ

大容量のインバータを構成する方法に, 出力電圧をマルチレベル化する方法がある。これまでに扱ってきた図 4.6 を基本回路とするインバータは, レグの出力電圧が点 N に対して, 0 または E の 2 値であるため, 2 レベルインバータとも呼ばれる。これに対し, 3 値以上の電圧を出力することのできるインバータを**マルチレベルインバータ**（multilevel inverter）と呼び, 出力できる電圧の数を**レベル数**と呼ぶ。マルチレベルインバータは, レベル数に応じて直流電源電圧を分割し, 分割数に応じた数のスイッチを用いて多数の動作モードを実現することにより, 3 値以上の出力電圧を得ることができる。レベル数を増やすほど, 各スイッチへの印加電圧を低減することができるため, インバータ全体として高い電圧を扱うことができる。また, レベル数を増やすほど, より電圧指令値に近い電圧を出力できるため, 出力高調波を低減できるメリットもある。なお, マルチレベル化の考え方はインバータだけでなく, 直流-直流変換や整流回路などさまざまな電力変換回路に適用することができ, これらを総称して**マルチレベル電力変換器**（**マルチレベルコンバータ**：multilevel converter）と呼ばれる。マルチレベルインバータの回路方式は, 直流電源電圧の分割の仕方と多数の動作モードを実現するスイッチの接続構成との組合せで決まり, 無数の回路構成が考えられるが, 基本的な回路方式として, **ダイオードクランプ方式, フライングキャパシタ方式, カスケード接続方式**の三つが知られている。マルチレベルインバータの動作原理は, たとえ複雑な回路方式であったとしても, 基本回路方式のいずれか, もしくはそれらの組合せに帰着して

分類される。

4.5.1　ダイオードクランプ方式[11]

　入力電源電圧を $n-1$ 個のキャパシタにより分圧し，各分圧点と出力端の接続切り替えを $2(n-1)$ 個の直列接続されたスイッチおよび $2(n-2)$ 個のダイオードにより行うことで1レグ当り n 値の出力電圧を得るマルチレベルインバータの回路方式を **n レベルダイオードクランプ**（diode clamped）**方式**と呼ぶ。**図4.20** は3レベルの場合の回路図を示しており，分圧点が二つのキャパシタの中性点のみであることから特に**中性点クランプ**（neutral point clamped：**NPC**）**方式**と呼ばれる。**表4.1** のように，S_1 と S_3，S_2 と S_4 をそれぞれ相補的に動作させることで，3レベルの電圧出力が可能である。

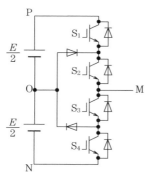

図4.20　ダイオードクランプ方式3レベルインバータの基本回路

表4.1　ダイオードクランプ方式3レベルインバータのスイッチのオンオフパターンと出力電圧

	スイッチの状態		
S_1	on	off	off
S_2	on	on	off
S_3	off	on	on
S_4	off	off	on
	出力電圧		
v_{MO}	$\dfrac{E}{2}$	0	$-\dfrac{E}{2}$
v_{MN}	E	$\dfrac{E}{2}$	0

　図4.21 は誘導性負荷を点 M と点 N の間に接続し，正の負荷電流が流れた際の各動作モードにおける電流経路を表している。通常の2レベルインバータでは出力できない $v_{MN}=E/2$ の電圧が出力できるため，**図4.22** のようにより正弦波に近い電圧波形を得ることができる。レベル数を増やすことで，さらに正弦波に近い階段状の電圧波形を得ることができる。図4.20 の回路の派生として，スイッチ S_2，S_3 とクランプダイオードを一つの双方向スイッチで置き

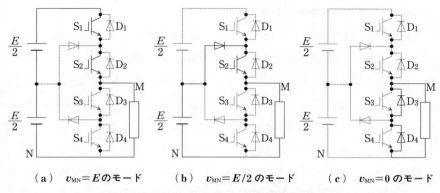

（ a ） $v_{\mathrm{MN}}=E$ のモード （ b ） $v_{\mathrm{MN}}=E/2$ のモード （ c ） $v_{\mathrm{MN}}=0$ のモード

図 4.21 各動作モードの電流経路（負荷電流が正の場合）

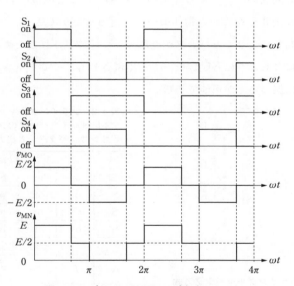

図 4.22 ダイオードクランプ方式 3 レベル
インバータの動作波形

換えた **T 形方式**[12] や，ダイオードをスイッチで置き換えた **ANPC**（active neutral point clamped）**方式**[13] などがある。中性点クランプ方式は，新幹線の主機インバータなどで実用されている。

4.5.2 フライングキャパシタ方式[14)]

　入力電源電圧と電位がフローティングした $n-2$ 個のキャパシタの各電圧を $2(n-1)$ 個の直列接続されたスイッチの動作により加減算することにより n レベルの出力電圧を得る方式を**フライングキャパシタ**（flying capacitor）**方式**と呼ぶ。**図4.23** は3レベルの場合の回路図を示しており，**表4.2** のように，S_1 と S_4，S_2 と S_3 をそれぞれ相補的に動作させる。ダイオードクランプ方式と異なり，各キャパシタの電位がフローティングしているため，入力電源電圧に対してキャパシタ電圧をどちらの向きにも接続することが可能である。表 4.2 の2列目のモードでは入力電圧 E からキャパシタ電圧 $E/2$ を減じた電圧を出力し，3列目のモードではキャパシタ電圧 $E/2$ を直接出力することにより，$E/2$ の出力電圧を二つの動作モードで得ることができる。また，この際，負荷電流の向きによりキャパシタが充電もしくは放電されるため，充電量と放電量が均一になるように各動作モードを出現させることでキャパシタ電圧の平均値を一定に保つことが可能である。

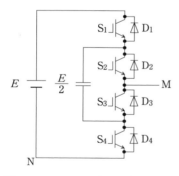

図4.23 フライングキャパシタ方式
3レベルインバータの基本回路

表4.2 フライングキャパシタ方式
3レベルインバータのスイッチの
オンオフパターンと出力電圧

	スイッチの状態			
S_1	on	on	off	off
S_2	on	off	on	off
S_3	off	on	off	on
S_4	off	off	on	on
	出力電圧			
v_{MN}	E	$\dfrac{E}{2}$	$\dfrac{E}{2}$	0

4.5.3 カスケード接続方式

　複数の2レベルのハーフブリッジ回路もしくはフルブリッジ回路を多段に接続し，各ブリッジ回路の電圧の加減算によりマルチレベルの出力電圧を得る方式を総称して**カスケード接続方式**[15)]と呼ぶ。複数の2レベルインバータを直

列接続した回路という意味で，**直列多重インバータ**とも呼ばれる。特に，2 レベルのフルブリッジ回路を $(n-1)/2$ 個多段に接続し n レベルの出力電圧を得る方式を**カスケード H ブリッジ**（cascaded H-bridge）**方式**と呼び，**図 4.24** は，2 個のフルブリッジ回路からなる 5 レベルインバータの回路構成を示している。各フルブリッジ回路は，二つのレグの動作により 3 レベルの電圧が出力可能であり，**表 4.3** のように，上側ブリッジの出力電圧 v_{MP_1} と下側ブリッジの出力電圧 v_{P_2O} の組合せにより，回路全体で 5 レベルの出力電圧を得ることができる。図 4.24 および表 4.3 は各フルブリッジ回路の入力電源電圧が等しい場合の動作モードを示しているが，これらの電圧を不均等にすることで同じスイッチ数でも出力レベル数を増やすことができる。各フルブリッジの入力電圧を E，$2E$，$4E$，…，$2^m E$ のように設定し，各スイッチを適切に動作させることでレベル数を増やす方式は**階調制御方式**[16] と呼ばれる。階調制御方式では，電圧の高いブリッジのスイッチング周波数を低く，電圧の低いブリッジのスイッチング周波数を高くすることで，出力波形の品質を落とさずに効率を高めることも可能である。以上の方式は，各ブリッジにそれぞれ入力電源

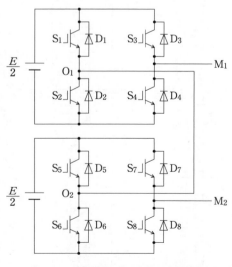

図 4.24 カスケード H ブリッジ方式 5 レベルインバータの基本回路

表 4.3 カスケード H ブリッジ方式 5 レベルインバータの各ブリッジの電圧状況と出力電圧（抜粋）

	各ブリッジの出力電圧の状態					
$v_{M_1O_1}$	$\dfrac{E}{2}$			$-\dfrac{E}{2}$		
$v_{O_2M_2}$	$\dfrac{E}{2}$	0	$-\dfrac{E}{2}$	$\dfrac{E}{2}$	0	$-\dfrac{E}{2}$
	インバータの出力電圧					
$v_{M_1M_2}$	E	$\dfrac{E}{2}$	0	0	$-\dfrac{E}{2}$	$-E$

が必要であるが，電源装置には絶縁トランスが使用されるため，レベル数を増やすほど，電源装置の大型化を招いてしまう。各ブリッジの入力電源をキャパシタに置き換え，単一の入力電源のみを用いて充放電制御を行うことにより各ブリッジのキャパシタ電圧を維持する回路方式は**モジュラーマルチレベルカスケード**（modular multilevel cascaded：**MMC**）**方式**[17)]と呼ばれる。MMC方式では，各ブリッジをセルと呼び，セルの回路構成とセル数により出力電圧のレベル数が決まる。**図 4.25** は，上下アームにそれぞれ2セルのハーフブリッジ回路を用いた場合の三相インバータの回路構成例であり，各セルの種類，セル数，相数，結線方法などによりさまざまな回路構成が考えられる。出力端と

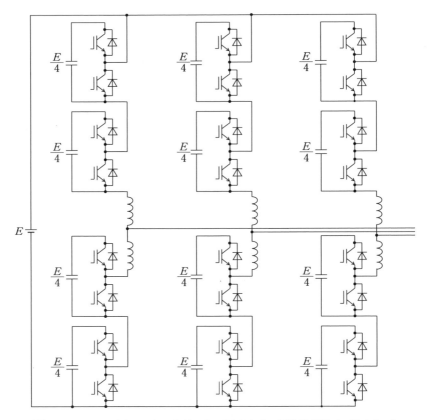

図 4.25 ハーフブリッジセルを用いた MMC 方式の回路構成例（三相 4 セル）

上下アームの間に接続されるバッファインダクタを介して各キャパシタに回路内を循環する充放電電流を流すことで，出力の制御と並行して各ブリッジのキャパシタ電圧制御を行うことができる。MMC方式は，7.9.4項で述べる直流送電用の自励式電力変換器として実用されている。

┌───┐
│ 📖 **パルス数・レベル数・ステップ数**[18] 📖 │
│   │
│   インバータや整流回路の名称として，「○×パルス」・「○×レベル」・「○×ステップ」などの呼称が付加されることがある。これらは，いずれも波形の状態を意味している。 │
│   │
│   PWMを行わない（電圧形）整流回路やインバータでは，交流波形1周期に対する直流側電流波形の繰り返し数がパルス数となる。また，PWMインバータでは，交流基本波の半周期中における同一レグ内の転流回数がパルス数となる。 │
│   │
│   レベル数とは，交流基本波1周期中の電圧レベルの数のことであり，ステップ数とは，交流基本波1周期中の電圧ステップ（電圧レベルの変化している場所）の数のことである。 │
└───┘

4.6 出力電圧の振幅制御方法

インバータの出力電圧を制御する方法として，これまでに位相シフトによる方法を述べた。ここでは，そのほかの制御法として，低次高調波消去方式PWM制御と正弦波PWM制御，ヒステリシス制御および空間ベクトル変調について述べる。このほか，PAM（pulse amplitude modulation：パルス振幅変調）や，デッドビート制御などの状態フィードバック制御もあるが，詳細はほかの文献[19]にゆずり，本書では割愛する。なお，本節では単相回路を用いて説明するが，三相回路についても同様の制御法が適用可能である。

4.6.1 低次高調波消去方式 PWM 制御

4.3.2項では，フルブリッジインバータの出力電圧の制御法として，位相シフト角 α を変化させる方法について述べた。しかし，前述の通り，この方法

では出力電圧の実効値は制御可能であるが，基本波および各高調波成分を制御することは不可能である。フルブリッジインバータの出力電圧は，スイッチ S_1〜S_4 の切替えにより 0 V，または $\pm E$〔V〕出力できる。ここで，出力電圧 1 周期当りの各スイッチの切替え回数を 2 回から 6 回に増やし，スイッチ S_1〜S_4 のオンオフ信号を**図 4.26**（a）のように与えると，出力電圧波形は図（b）のようになる。

ここで，図 4.26 の出力電圧 v のフーリエ級数の係数は次式で求めることができる。

$$b_n = \frac{1}{\pi} \int_0^{2\pi} v \sin n\theta \, d\theta$$

$$= \frac{1}{\pi} \left(\int_{\alpha_1}^{\alpha_2} E \sin n\theta \, d\theta + \int_{\alpha_3}^{\pi-\alpha_3} E \sin n\theta \, d\theta + \int_{\pi-\alpha_2}^{\pi-\alpha_1} E \sin n\theta \, d\theta \right.$$

$$\left. - \int_{\pi+\alpha_1}^{\pi+\alpha_2} E \sin n\theta \, d\theta - \int_{\pi+\alpha_3}^{2\pi-\alpha_3} E \sin n\theta \, d\theta - \int_{2\pi-\alpha_2}^{2\pi-\alpha_1} E \sin n\theta \, d\theta \right)$$

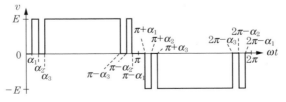

（a） スイッチオンオフ信号

（b） 出力電圧波形

図 4.26　低次高調波消去方式 PWM 制御の動作波形

$$=\frac{2E}{n\pi}\{\cos n\alpha_1-\cos n\alpha_2+\cos n\alpha_3$$

$$-\cos n\alpha_1\cos n\pi+\cos n\alpha_2\cos n\pi-\cos n\alpha_3\cos n\pi\} \qquad (4.17)$$

したがって，b_n は次式で計算できる。

$$b_n=\begin{cases}\dfrac{4E}{n\pi}(\cos n\alpha_1-\cos n\alpha_2+\cos n\alpha_3) & (n\text{ が奇数のとき})\\[2mm]0 & (n\text{ が偶数のとき})\end{cases} \qquad (4.18)$$

式（4.18）には，$\alpha_1\sim\alpha_3$ の三つの変数が存在する。したがって，三つの連立方程式を立て $0<\alpha_1<\alpha_2<\alpha_3<\pi/2$ の制約条件下で連立方程式の解 $\alpha_1\sim\alpha_3$ を求めることで，スイッチ $S_1\sim S_4$ のオンオフ信号が決定できる。

次式は，基本波 V_1 を与え，第三次高調波および第五次高調波を 0 に制御する場合の連立方程式である。

$$\begin{cases}4E(\cos\alpha_1-\cos\alpha_2+\cos\alpha_3)/\pi=V_1\\4E(\cos 3\alpha_1-\cos 3\alpha_2+\cos 3\alpha_3)/(3\pi)=0\\4E(\cos 5\alpha_1-\cos 5\alpha_2+\cos 5\alpha_3)/(5\pi)=0\end{cases} \qquad (4.19)$$

このように低次の高調波成分が 0 となるようにスイッチのオンオフ信号のパターンを決定する制御法を**低次高調波消去方式 PWM 制御**と呼ぶ。

図 **4.27** に低次高調波消去方式 PWM 制御として，$\alpha_1=17.1°$，$\alpha_2=28.8°$，$\alpha_3=41.4°$ に設定した場合の電圧および電流波形を示す。また，これらの波形

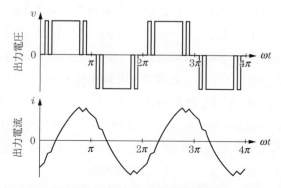

図 **4.27** 低次高調波消去方式 **PWM** 制御時の電圧・電流波形

のFFT結果を**図4.28**に示す。図4.28よりわかる通り，三次，および五次高調波が消去できていることがわかる。なお，この制御法は特定高調波消去（除去）式PWM制御法と呼ばれることもある。

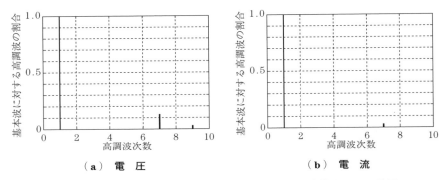

（ａ）電　圧　　　　　　　　　　（ｂ）電　流

図4.28　低次高調波消去方式PWM制御時の電圧・電流波形のFFT結果

　低次高調波消去方式PWM制御は，出力1周期当りのオンオフの数を増やしていくことにより消去できる高調波の数を増やすことができる。この制御法では，あらかじめパターンを計算しておく必要があるが，スイッチング周波数を上げられず，なおかつ高調波を抑制する必要がある場合には有効な方法である。

4.6.2　正弦波PWM制御

　図4.11のフルブリッジインバータのスイッチ S_1 と S_3 のデューティ比を，それぞれ d_a，d_b とするとき，点Nを基準とした点Aおよび点Bの平均電圧は，それぞれ d_aE，d_bE になる。デューティ比 d_a，d_b の決定方法として，3章で学んだPWM制御法がある。原理的にはこの方法と同じであり，指令値として正弦波を入力することから**正弦波PWM制御**と呼ばれている。正弦波PWM制御回路の構成例を**図4.29**に示す。なお，組込みマイコンや**DSP**（digital signal processor）などで正弦波PWMを行うための周辺回路があらかじめ設けられているものも多く，図4.29のような回路を構成せずにPWM制御を行うことが可能になっている（7.7節参照）。

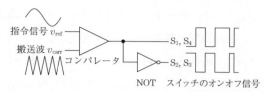

図 4.29 PWM 制御回路の構成例（バイポーラ変調の場合）

PWM 制御法の指令値として $v_{ref} = a \sin \omega t$（$0 \leq a \leq 1$）の正弦波信号を与え，搬送波として周波数が正弦波信号の 10 倍，振幅が 1 の三角波 v_{carr} を与えた場合の，スイッチのオンオフ信号，インバータの出力電圧 v，および RL 負荷に流れる電流 i を図 4.30 に示す。

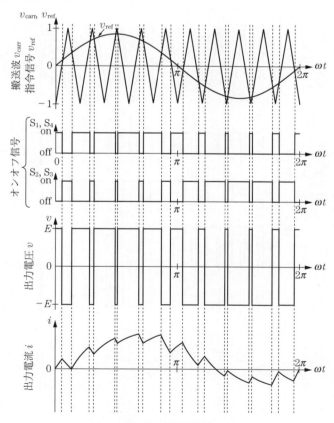

図 4.30 PWM 制御法（バイポーラ）

　なお，搬送波の周波数は，**キャリア周波数**や**スイッチング周波数**と呼ばれて
いる。図 4.30 では，動作原理の理解を容易にするため，スイッチング周波数を
低く設定したが，実際の IGBT を用いたインバータでは，数〜20 kHz 程度で使
用されるため，電流のリプルは小さくなり，出力電流波形は正弦波に近くなる。

　図 4.30 の波形を見ると，出力電圧 v は $\pm E$〔V〕のみが出力されており，0
V が出力されていないことがわかる。このように出力の半周期中に正負の両
極性の電圧が現れている波形を**バイポーラ波形**という。この方式の電流波形を
見ると大きなリプルを生じていることがわかる。

　これに対し，**図 4.31** に示すように搬送波とたがいに 180° 位相をずらした指

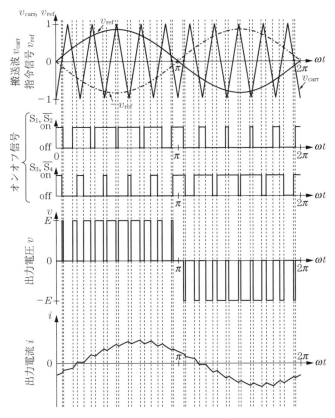

図 4.31　PWM 制御法（ユニポーラ）

令信号の大きさを比較し生成した各レグのスイッチのオンオフ信号を与えた場合には，出力電圧 v は，$\pm E$〔V〕および 0 V が出力される。このように半周期の電圧波形が正または負の一方の極性となっている波形を**ユニポーラ波形**という。この方式の電流波形は，図 4.30 のバイポーラのものと比べ，リプルが小さくなっていることがわかる。

　バイポーラとユニポーラの高調波を定量的に比較するために，**図 4.32** および**図 4.33** に，それぞれ図 4.30 および図 4.31 の電圧波形と電流波形の FFT 結果を示す。この結果を見るとバイポーラの場合には，十次に大きな高調波電圧が発生していることがわかる。これは，搬送波の周波数成分が現れたものである。また，全体的に高調波が多く含まれていることがわかる。これに対し，

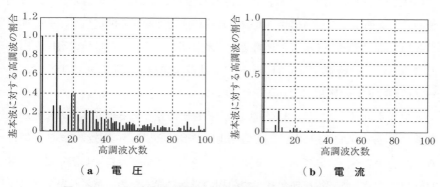

（a）電　圧　　　　　　　　　（b）電　流

図 4.32　PWM 制御時の電圧・電流波形の FFT 結果（バイポーラ）

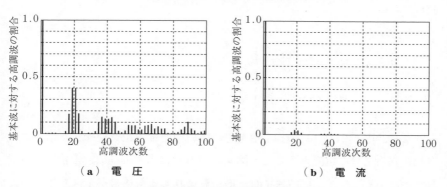

（a）電　圧　　　　　　　　　（b）電　流

図 4.33　PWM 制御時の電圧・電流波形の FFT 結果（ユニポーラ）

ユニポーラは，バイポーラに比べ高調波成分が少ないことがわかる。

　なお，3レグインバータの場合には，各レグのスイッチのオンオフ信号を生成する際に，たがいに120°ずつ位相をずらした指令信号を与え，V結線インバータの場合には，たがいに60°位相をずらした指令信号を与えることで，正弦波PWM制御ができる。

　正弦波PWM制御では，電源電圧の中性点から見た各レグの出力電圧，すなわち出力相電圧を指令信号として与えている。4.1.3項で説明した3レグインバータでは，相電圧指令値として正弦波信号を与えた場合，入力直流電圧に対する最大出力は得られない。これを改善する手法（**電圧利用率の改善法**）は幾つか存在するが，**図4.34**にそのうちの一つの方法を示す。

　図4.34（a）に示すように，正弦波指令信号の振幅が1を超えると，搬送波のピーク値よりも指令信号（変調信号）が大きくなる期間が生じ，その期間は該当するレグがスイッチング周期を超えた期間，正，または負の電圧を出力し続ける。その結果，図4.34（c）の三角波重畳無の波形に示すように，ピーク値がつぶれた電流が流れることになる。

　3レグインバータでは，レグ間の出力相電圧の差である線間電圧の波形が正弦波になっていればよいため，出力相電圧波形は必ずしも正弦波である必要はない。すなわち，次式で表されるように，各相の指令信号に同じ値を足しても（重畳しても），線間電圧波形は二つの相の減算になるため，重畳した信号は正弦波になる。

$$\begin{cases} v_{\text{uref}} = a \sin \omega t + v_{\text{trl}} \\ v_{\text{uref}} = a \sin \left(\omega t - \dfrac{2\pi}{3} \right) + v_{\text{trl}} \\ v_{\text{wref}} = a \sin \left(\omega t + \dfrac{2\pi}{3} \right) + v_{\text{trl}} \end{cases}$$

　そこで，図4.34（a）の指令信号包絡線の中心線を正負反転した信号を，各相の指令信号に重畳させると，図4.34（b）に示すように，正弦波指令信号の振幅aが$2/\sqrt{3} \fallingdotseq 1.15$までは，搬送波よりも指令信号が下回ることにな

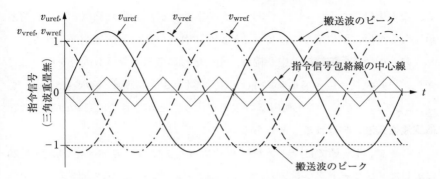

（**a**） 正弦波振幅が 1 を超えた場合の指令信号と指令信号包絡線の中心線

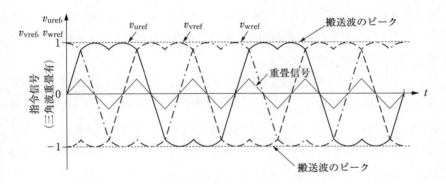

（**b**） 三角波を重畳させた場合の指令信号

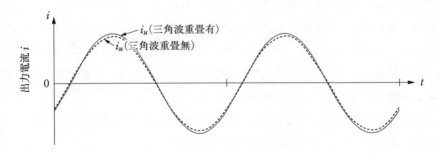

（**c**） 三角波重畳の有無に対する三相 RL 負荷に流れる u 相電流波形

図 4.34 3 レグインバータにおける電圧利用率の改善

る。この信号により，3レグインバータを駆動すると，図4.34（c）の三角波
重畳有の波形に示すように，ピーク値がつぶれない正弦波信号が得られる。

　なお，指令信号包絡線の中心線は，指令信号の3倍の周波数成分を持つこと
から，正弦波指令信号の振幅の1/4倍の振幅の3倍高調波（$a/4 \sin 3\omega t$）を
v_{tri} として用いても，電圧利用率の改善を行うことができる。この改善法は**3
倍調波注入法**と呼ばれることもある。

　ところで，4.5節ではマルチレベルインバータについて述べたが，図4.20
に示したダイオードクランプ方式の3レベルインバータの基本回路を三つ用い
た3レベル3レグインバータも正弦波PWM制御が可能である。**図4.35**に3
レベル3レグインバータと，比較のために図4.16に示した2レベル3レグイ
ンバータを電源電圧，RL負荷の値，搬送波の周波数を揃えて正弦波PWM制
御を行った際の動作波形を示す。

　3レベルインバータの場合，図4.35（a）に示すように正の領域と負の領
域で二つの搬送波を用い，これら二つの搬送波と指令信号の大小をそれぞれ比
較し，図4.20のS_1〜S_4のオンオフ信号を生成する。正の搬送波よりも指令信
号のほうが大きければS_1をオンし，小さければS_1をオフする。また，負の搬
送波よりも指令信号が大きければS_2をオンし，小さければS_2をオフする。ス
イッチS_3とS_4は，それぞれS_1とS_2の論理反転となるように動作させる。こ
のように動作させると，図4.35（a）に示すように，3レベルインバータの
場合，3レベルの出力相電圧波形となり，3レグインバータの場合線間電圧波
形は5レベル波形となる。図4.35（b）に示すように，2レベルインバータ
の出力波形に比べ，出力相電圧，線間電圧ともに電圧のレベル数が増加するた
め，出力電流波形のひずみ率が低減できる。

　図4.35（a）では，正負の領域で同相の搬送波を用いた場合について示し
たが，文献[20]には，正負の領域で逆相の搬送波を用いた場合についても示さ
れている。興味のあるかたは同書を参照されたい。

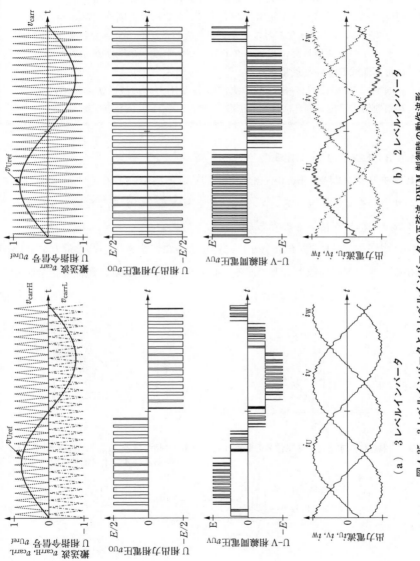

(a) 3 レベルインバータ　　　　　(b) 2 レベルインバータ

図 4.35　3 レベルインバータと 2 レベルインバータの正弦波 PWM 制御時の動作波形

┌───┐
■ 同期式 PWM と非同期式 PWM ■

　PWM には，**同期式 PWM** と**非同期式 PWM** がある。高周波スイッチが可能なパワーデバイスを使用したインバータでは非同期式 PWM が主流となっているが，GTO などのスイッチング周波数を高くできないようなパワーデバイスを使用したインバータでは，ビートなどの問題が顕著となるため，同期式 PWM が使用される。

　同期式 PWM では，搬送波の周波数 f_c と出力の周波数 f の比 $K_f = f_c/f$ が整数倍（三相の場合には 3 の倍数）となるように，f_c を設定する。
└───┘

4.6.3　ヒステリシス制御

　ヒステリシス制御（hysteresis control）は，指令値とセンサから得られるセンサ信号をヒステリシスコンパレータを用いて比較することによりスイッチのオンオフ信号を得るものである。

　ヒステリシスとは，図 4.36（a）に示すように，行きの経路と帰りの経路が異なるような履歴現象のことである。ヒステリシス制御は，電流を指令値にす

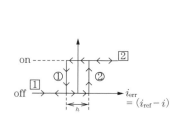

（**a**）　**偏差に対するオンオフ信号の経路**

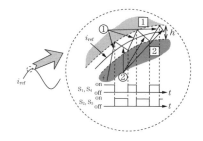

（**b**）　**指令信号（i_{ref}），センサ信号（i），およびオンオフ信号（$S_1 \sim S_4$）**

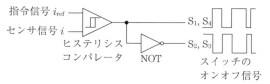

（**c**）　**単相インバータの場合の制御回路の構成例**

図 4.36　ヒステリシス制御

る場合が多いので，この場合について説明する。ここでは，図 4.11 のフルブ
リッジインバータを例にとり，ヒステリシス制御回路の構成例を図 4.36（c）
に示す。ヒステリシス制御の説明に際し，電流の正の向きは図中の矢印の向き
とする。インバータの出力電流を正弦波にする場合，電流指令値 i_{ref} として正
弦波を与えればよい。また，負荷に流れる電流の値[†] を i とする。なお，初期
状態は，図 4.36（a），（b）の ② の領域に電流 i の値が入っているものとし
て考える。

　電流 i が，$i_{ref}+h/2$ より下回っている場合，S_1 および S_4 がオン状態とな
り，i が上昇する（① の経路）。出力電流 i が $i_{ref}+h/2$ を越えた時点で（①
の領域に入った瞬間に），S_1 および S_4 をオフし，S_2 および S_3 をオンすると，
電流 i が減少を始める。その後，電流 i が，$i_{ref}-h/2$ を下回った時点で（②
の領域に入った瞬間に），S_2 および S_3 をオフし，S_1 および S_4 をオンすると，
i が再び上昇する。以上の繰返しにより，電流 i は，指令値 i_{ref} を中心に $\pm h/2$
の範囲で変化する。なお，h のことをヒステリシスバンド幅という。

　図 4.37 にヒステリシス制御を行った場合の動作波形例を示す。図を見ると
わかるように，電流 i の波形が，指令値 i_{ref} を中心として $\pm h/2$ の範囲で変化
していることがわかる。

　ヒステリシス制御では，スイッチング周波数が時間的に変化し，ヒステリシ
スバンド幅 h を小さくすると平均スイッチング周波数が増加する。また，回
路の時定数や電源電圧の大きさによってもスイッチング周波数が変化するの
で，ヒステリシスバンド幅の決定の際には注意が必要である。

🔌 PAM 制御 🔌

　電圧形インバータの **PWM**（pulse width modulation）制御では，出力電
圧パルスの幅を制御することにより，希望する振幅・周波数の出力電圧を得
ていた。これに対して，**PAM**（pulse amplitude modulation）制御では，
出力電圧の周波数はパルスの周波数で決定し，電圧の大きさは入力電圧を変
化させることにより制御する。

[†]　一般的には，負荷に流れる電流値は，電流センサによって検出する。

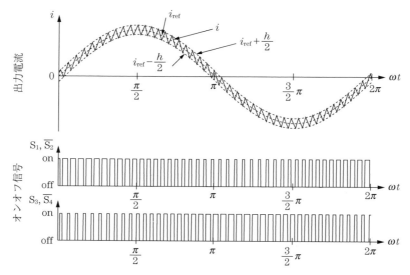

図4.37　ヒステリシス制御の動作波形例

4.6.4　空間ベクトル変調

　すでに述べたように，3レグインバータは，六つの基本電圧ベクトルと二つのゼロ電圧ベクトルを出力することができる。六つの基本電圧ベクトル $\mathbf{V}_1$ ～$\mathbf{V}_6$ と二つのゼロ電圧ベクトル $\mathbf{V}_0$ と $\mathbf{V}_7$ を図示したものが**図4.38**（a）である。図中ベクトルに併記している括弧書きで数値は左から順にU，V，W相の各レグのスイッチの接続状態を表しており，「1」は上アーム，「0」は下アームがオンしていることを意味する。スイッチング周期 T〔s〕の期間に，複

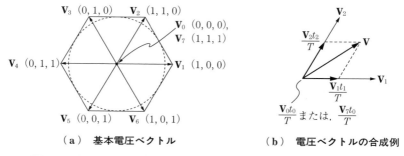

（ a ）　基本電圧ベクトル　　　　　　（ b ）　電圧ベクトルの合成例

図4.38　基本電圧ベクトルと電圧ベクトルの合成例（3レグインバータ）

数の電圧ベクトルを切り替えて出力することで，図4.38（a）に描かれた円内（円周上も含む）および，各基本ベクトル上の任意の電圧ベクトルを出力することができる。

この制御法は，**空間ベクトル変調**（space vector modulation：**SVM**）と呼ばれており，ベクトルの長さにより出力電圧の大きさを，ベクトルの回転速度（角速度）により出力電圧の周波数を変化させることができる。

例えば，図4.38（a）に示す例では，電圧ベクトル $\mathbf{V}$ を出力するために，電圧ベクトル $\mathbf{V}_1$ を t_1〔s〕間，電圧ベクトル $\mathbf{V}_2$ を t_2〔s〕間，ゼロ電圧ベクトル $\mathbf{V}_0$（または，$\mathbf{V}_7$）を t_0〔s〕間出力すればよい。これを式で表すと次式となる。

$$\mathbf{V} = \mathbf{V}_1 \frac{t_1}{T} + \mathbf{V}_2 \frac{t_2}{T} + \mathbf{V}_0 \frac{t_0}{T} \qquad (4.20)$$

ただし $T = t_1 + t_2 + t_0$ である。

なお，1スイッチング周期中の電圧ベクトルの出力パターンは，ベクトルの組み合わせ方も含めて複数あり，隣り合うベクトルを選択した場合でも，**図4.39（a）**に示すように単純にスイッチング周期の開始時刻からベクトルを順番に出力するようにオンオフ信号を与える方法や，図4.39（b）や（c）に示すようにスイッチング周期の中心に対して軸対称となるようにオンオフ信号

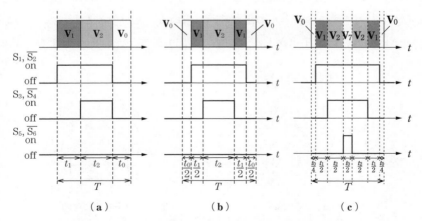

図4.39 図4.38（b）の電圧ベクトルを出力するスイッチングパターン例

を与える方法などがあり，高調波の割合やスイッチング損失などが変化する。

　また，4.5 節で述べたマルチレベルインバータのように，インバータをマルチレベル化したり，多重化したりすることで，出力できる空間電圧ベクトルの数は増加する[20]。出力可能な空間電圧ベクトルの数が増えると，きめ細やかな電圧の調整が可能となり，出力電圧のリプル低減ができる。

　ここで，3 レグインバータにおける各ベクトルの出力時間の求め方について説明する。長さ（大きさ）が $|\mathbf{V}|$ の電圧ベクトルが，角速度 ω〔rad/s〕で回転しているものとし，電圧ベクトル $\mathbf{V}$ が基本電圧ベクトル $\mathbf{V}_1$ となす角を θ〔rad〕とする。ここでは，左回転（反時計回り）を正方向とする。$t=0$ における電圧ベクトル $\mathbf{V}$ が，$\theta=0$ の位置にあったとすると，時刻 t〔s〕における電圧ベクトルの角度は $\theta=\omega t$〔rad〕で表すことができる。前述の通り，3 レグインバータでは，六つの有限長の基本電圧ベクトルと二つのゼロ電圧ベクトルが出力できるが，2 本の有限長の電圧ベクトルで囲まれた 60°（$=\pi/3$）領域に対して，図 4.40（a）のように①〜⑥の番号を振ることにする。各ベクトルの出力時間は図 4.40（b）の図より次式（4.21）で求められる。

　なお，$\theta_{xy}=\theta-(sec\_num-1)\cdot\pi/3$ として表すことができる。式中，sec_num は，図 4.40（a）の領域番号の数字（1〜6）を表している。この式により，いずれの領域に指令電圧ベクトルが存在しても，図 4.40（b）のように考えて，対応するベクトルの出力時間を求めることができる。

　図 4.40（b）の電圧ベクトル $\mathbf{V}_x$，$\mathbf{V}_y$ の出力時間 t_x，t_y〔s〕および，ゼロ

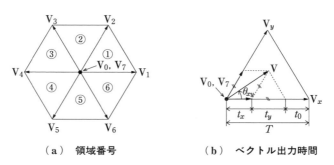

（a）　領域番号　　　　　　（b）　ベクトル出力時間

図 4.40　3 レグインバータにおける領域番号とベクトル出力時間

電圧ベクトルの出力時間 t_0〔s〕は，指令電圧ベクトルの大きさ $|\mathbf{V}|$〔V〕と角度 θ_{xy}〔rad〕，スイッチング周期 T〔s〕，直流電源電圧 E〔V〕より，次式で求めることができる。

$$
\left.
\begin{aligned}
t_x &= \frac{|\mathbf{V}|\sqrt{3}}{E}\sin\left(\frac{\pi}{3}-\theta_{xy}\right)\cdot T = \frac{|\mathbf{V}|\sqrt{3}}{E}\cos\left(\theta_{xy}+\frac{\pi}{6}\right)\cdot T \\
t_y &= \frac{|\mathbf{V}|\sqrt{3}}{E}\sin(\theta_{xy})\cdot T \\
t_0 &= T - t_x - t_y
\end{aligned}
\right\}
\tag{4.21}
$$

　空間ベクトル変調法では，例えばU相電圧指令値を基準として $|\mathbf{V}| = V\sin\omega t$ として与え，スイッチング周期ごとに，式（4.21）の演算を行い，得られた t_x，t_y に基づき，**表4.4** に示す指令電圧の存在領域と基本電圧ベクトル，対応するベクトルの出力時間の関係を利用して，各電圧ベクトルの出力時間を導出し，その結果に基づき電圧ベクトルを切り換える（すなわちスイッチをオンオフする）ことにより，3レグインバータの出力電圧の制御が可能である。

表4.4　3レグインバータにおける指令電圧ベクトルの存在領域と基本電圧ベクトル，対応するベクトルの出力時間の関係

θ〔rad〕	領域番号 sec_num	$\mathbf{V}_x$	$\mathbf{V}_y$	t_x	t_y
$0 \sim \dfrac{\pi}{3}$	①	$\mathbf{V}_1$	$\mathbf{V}_2$	t_1	t_2
$\dfrac{\pi}{3} \sim \dfrac{2\pi}{3}$	②	$\mathbf{V}_2$	$\mathbf{V}_3$	t_2	t_3
$\dfrac{2\pi}{3} \sim \pi$	③	$\mathbf{V}_3$	$\mathbf{V}_4$	t_3	t_4
$\pi \sim \dfrac{4\pi}{3}$	④	$\mathbf{V}_4$	$\mathbf{V}_5$	t_4	t_5
$\dfrac{4\pi}{3} \sim \dfrac{5\pi}{3}$	⑤	$\mathbf{V}_5$	$\mathbf{V}_6$	t_5	t_6
$\dfrac{5\pi}{3} \sim 0$	⑥	$\mathbf{V}_6$	$\mathbf{V}_1$	t_6	t_1

　そのほか，空間ベクトルの概念等は，文献[21]に比較的詳しく記載されているので，興味のある方は同書を参照されたい。

4.7 インバータの応用

インバータの応用製品は，大きく分けて，**無停電電源**（uninterruptible power source/supply/system：**UPS**）[†1]や，一般家庭にも広く普及してきた太陽光発電装置や燃料電池発電システムなど**CVCF**（constant voltage constant frequency）と新幹線などの電気鉄道や電気自動車などの**VVVF**（variable voltage variable frequency）[†2]用途に分けられる。本節では，これら二つの用途について述べる。

4.7.1 CVCF

ここでは，CVCF 機器の代表例として UPS と太陽電池や燃料電池を用いた発電システムについて概説する。

（1）　UPS　　UPS はシステム構成の違いや機能の違いにより分類可能で

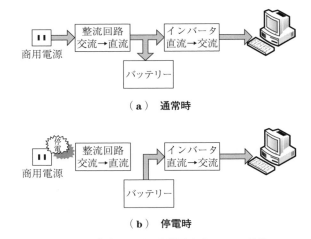

（a）　通常時

（b）　停電時

図 4.41　常時インバータ給電方式 UPS の動作

[†1] 病院で使われる医療機器や銀行のオンラインシステム，航空管制システムなど停電すると困る機器のバックアップ電源として使用される。

[†2] 世界的には，**AVAF**（adjustable voltage adjustable frequency）と呼ばれることもあるが，わが国では，VVVF（variable voltage variable frequency）と呼ばれることが多いため，本書では VVVF の表記を用いている。

あるが，ここでは常時インバータ給電方式と呼ばれるものについて説明する。

　常時インバータ給電方式 UPS の動作を**図 4.41** に示す。常時インバータ方式の UPS では，通常時には，商用電源から得た交流を整流回路を通して直流に変換し，バッテリーを充電するとともに，インバータにより交流に変換し，パソコンなどの負荷に電力を供給する。商用電源停電時には，バッテリーに蓄えられたエネルギーをインバータで変換し，負荷に供給する。

（2）　太陽電池や燃料電池を用いた発電システム　　太陽電池や燃料電池を用いた発電システムの概念図を**図 4.42** に示す。図中のパワーコンディショナと呼ばれる装置では，太陽電池や燃料電池の出力として得られる直流電圧を，適当な値の直流電圧に昇圧した後，インバータを用いて商用交流へと電力変換を行っている。

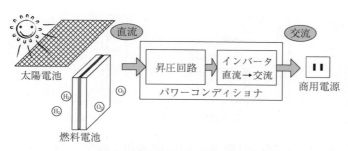

図 4.42　太陽電池や燃料電池を用いた発電システム

4.7.2　VVVF

　VVVF の代表例として，電気鉄道や電気自動車で用いられるモータドライブシステムが挙げられる。ここでは，これら両者のドライブシステムについて簡単に述べる。

（1）　新幹線のモータドライブシステム　　新幹線をはじめとする電気鉄道では，一編成に複数台の電動機が用いられる。コストや積載スペースの観点から，一台のインバータで複数台の電動機を駆動する必要があるため，一般的には**誘導電動機**（induction motor：**IM**）が用いられている。**図 4.43** に鉄道用モータドライブシステムの例を示す。

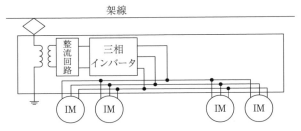

図4.43　鉄道用モータドライブシステムの例

（2）　電気自動車のモータドライブシステム　　ハイブリッド自動車を含む電気自動車では，効率およびモータサイズの観点から，**永久磁石同期電動機**（permanent magnet synchronous motor：**PMSM**）が主流となっている。**図4.44** に電気自動車のモータドライブシステムの例を示す。

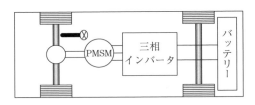

図4.44　電気自動車のモータドライブシステムの例

次節では，VVVF アプリケーションの代表例である，モータドライブについてもう少し詳しく説明する。

4.8　モータドライブ

4.8.1　誘導電動機の制御

誘導電動機には，回転子の構造により，かご形誘導電動機と巻線形誘導電動機に大別できる。誘導電動機は先にあげた鉄道車両に用いられているほか，上下水道のポンプや工場のコンベア，送風ファンなどにも使用されている。

つぎに，この誘導電動機の制御法の中でも代表的な，**V/f 制御**と**ベクトル制御**の概要について述べる。

（1）　V/f 制御　　誘導電動機のトルク T は，次式で表すことができる。

$$T = \frac{3pV_1^2}{\omega_{sync}} \cdot \frac{r_2'/s}{\{r_1 + r_2'/s\}^2 + (x_1 + x_2')^2} \tag{4.22}$$

ここで，p は極対数，r_1 は一次巻線抵抗，r_2' は二次巻線抵抗の一次側換算値，x_1 は一次漏れリアクタンス，x_2' は二次漏れリアクタンスの一次側換算値，V_1 は一次電圧，ω_{sync} は電源角周波数，s はすべり[†1] である。したがって，すべり s に対してトルク T は，**図4.45** のような特性となる。

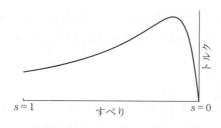

図4.45　誘導電動機のすべり-トルク特性

ここでは理解を容易にするため，式（4.20）の r_1，x_1 を無視[†2]すると

$$T = 3p\left(\frac{V_1}{\omega_{sync}}\right)^2 \cdot \frac{r_2' s\omega_{sync}}{r_2'^2 + (s\omega_{sync})^2 l_2'^2} \tag{4.23}$$

が得られる。ここで $l_2' = x_2'/\omega_{sync}$ この式の（V_1/ω_{sync}）を一定に保つと，誘導電動機のトルク T は，すべり角周波数（$s\omega_{sync}$）により決まることになる。

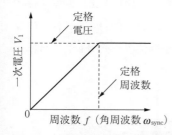

図4.46　誘導電動機の V/f 制御の運転パターン

このことから V/f 制御では，V_1 と ω_{sync} の比である V_1/ω_{sync} の値[†3] を一定に保ちながら，誘導電動機が追従できるような変化率で電圧 V_1 および（角）周波数 ω_{sync}（$=2\pi f$）を増加させて可変速運転を行う制御法である。

原理的には，**図4.46** のような，電圧-周波数のパターンになるが，一次電圧が低い領域では，一次抵抗 r_1 での電圧降下を考慮した

[†1]　すべり s は，同期速度を N_{sync}（$=120f/p$），回転速度を N とすると，$s = (N_{sync} - N)/N_{sync}$ で計算できる。

[†2]　実用上は，一次抵抗 r_1 での電圧降下を考慮して，一次電圧 V_1 を制御する必要がある。

[†3]　電源周波数を f とすると，$\omega_{sync} = 2\pi f$ であるので，$V_1/\omega_{sync} = (V_1/f)(2\pi)$ となり，電源電圧 V_1 と電源周波数 f の比を一定に保つことと等価になる。

電圧を出力するのが一般的である。

（**2**）　**ベクトル制御**　　誘導電動機のより高性能な制御法に**ベクトル制御**と呼ばれる制御法がある。誘導電動機のベクトル制御には，いくつか種類がある。誘導電動機のベクトル制御では，簡単に説明すると誘導電動機の一次電流を界磁電流成分と電機子電流成分に分けて，それらを独立に制御することにより電動機のトルクを制御する方法である。

　この誘導電動機のベクトル制御では，後述する永久磁石同期電動機の場合と同様に，回転座標変換を用いる。このため，回転子の速度を検出する必要がある。

4.8.2　永久磁石同期電動機の制御

　永久磁石同期電動機は，磁石材料の目覚ましい進歩により，ハイブリッド電気自動車を始めとするさまざまな製品に使用されている。永久磁石同期電動機には，**図 4.47** に示すような回転子構造により，回転子表面に永久磁石を張り付けた**表面磁石同期電動機**（surface permanent magnet synchronous motor：**SPMSM**）と，回転子に永久磁石を埋め込んだ，**埋込磁石同期電動機**（interior permanent magnet synchronous motor：**IPMSM**）に分類できる。いずれの永久磁石同期電動機でも，磁極位置に同期した座標系上に回転座標変換を行うと，各種変数の基本波成分を直流で扱うことができ制御が容易になる。ただし，回転座標変換を行うには，回転子の磁極位置を検出もしくは推定する必要がある。

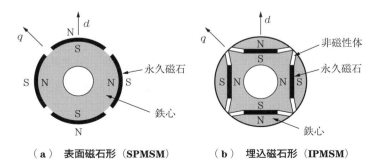

（**a**）　表面磁石形（**SPMSM**）　　　（**b**）　埋込磁石形（**IPMSM**）

図 4.47　回転子構造の代表例

永久磁石同期電動機のトルク制御法の代表的なものとして，**図4.48** に示す
ベクトル制御が挙げられる。そのほか，**直接トルク制御法**（direct torque
control）なども提案されている。

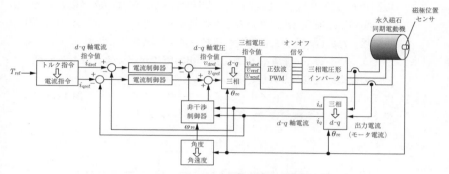

図4.48　永久磁石同期電動機のベクトル制御

🍵 ディジタルアンプ 🍵

　身の回りの AV 機器ではディジタル化が進んでいる。音楽や映像の記録
方法がアナログからディジタルへ変化しただけでなく，音声を増幅してスピ
ーカから出力するアンプについてもディジタル化されている。このディジタ
ル化されたアンプがディジタルアンプである。

　このアンプの回路構成は，基本的には単相インバータと同じである。電力
用途で用いられる単相インバータは，単一周波数の波形を指令値とするが，
ディジタルアンプの場合は音声に対応する波形，すなわち色々な可聴域の周
波数成分を含んでいる波形を指令値として与えることでスイッチング素子を
オンオフする。インバータ回路の出力は，フィルタ回路を通してスピーカー
に接続され，スピーカーから音声が出力される。

🍵 将来のインバータ像 🍵

　数十年先のインバータを想像するのは楽しい。パワー半導体や周辺部品が
もっと進歩すれば，電力変換効率は 99.9 ％を超え，パワー密度はさらに向
上して，例えば配線コードの中にインバータが組み込まれるようになる日が
来そうである。さらに，ワイヤレス技術が進展して外部配線が存在しないイ
ンバータや電磁環境に配慮したノイズを発生しないインバータが普及するか
もしれない。

章 末 問 題

【1】 電圧形インバータと電流形インバータの特徴を「回路構成」,「出力波形」の観点から論ぜよ。また，PSIM を用いて，それぞれの回路において「出力を短絡した場合（出力に接続した抵抗を非常に小さくした場合）」,「出力を開放した場合（出力に接続した抵抗を非常に大きくした場合）」についてシミュレーションを行い，出力電圧，出力電流がどのようになるか調べ，回路の保護の観点から考察せよ。

【2】 図 4.11 に示す単相フルブリッジインバータのスイッチを，**図 4.49** のようにオンオフさせた場合について，以下の問いに答えよ。

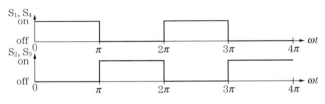

図 4.49　スイッチのオンオフ信号

（1）　出力電圧波形を図示せよ。

（2）　出力電圧波形をフーリエ級数展開せよ。

（3）　高調波次数を横軸にとり，十次までの各高調波成分の振幅の割合を基本波の振幅を基準にして図示せよ。

【3】 単相フルブリッジインバータの低次高調波消去方式 PWM 制御について，$\alpha_1=17.1°$，$\alpha_2=28.8°$，$\alpha_3=41.4°$ とした場合のシミュレーションを PSIM を用いて行い，出力電圧波形の FFT 結果に，第三次および第五次高調波が含まれていないことを確認せよ。

【4】 図 4.18 に示す 3 レグ電圧形インバータの出力線間電圧波形をフーリエ級数展開し，基本波の振幅に対する 15 次までの高調波成分のスペクトルを示せ。なお，出力線間電圧波形のフーリエ級数展開はいずれか 1 相分で，時間軸の原点をずらして求めてよい。

【5】 三相負荷に電力を供給するための，V 結線インバータのスイッチのオンオフ信号を考えよ。また，考えたオンオフ信号により，三相電力を供給できているか，PSIM を用いて確認せよ。

【6】 図 4.21 を参考に，ダイオードクランプ方式 3 レベルインバータの負荷電流

が負の場合の各動作モードの電流経路を考えよ。同様に，フライングキャパシタ方式3レベルインバータの各動作モードの電流経路を考え，キャパシタが充電する動作モードと放電する動作モードをそれぞれ確認せよ。

【7】 マルチレベルインバータの各方式において，各スイッチがオフの場合の両端電圧を考え，通常の電圧形（2レベル）インバータの場合と比較せよ。

【8】 単相フルブリッジインバータの正弦波 PWM 制御法（バイポーラおよびモノポーラ）のシミュレーションを PSIM を用いて行い，出力電流の高調波の違いについて確かめよ。また，どちらの方式でも，スイッチング周波数を増加させると電流のリプルが小さくなり正弦波に近づくことを確認せよ。

【9】 単相インバータに RL 負荷を接続し，ヒステリシス制御によりインバータの出力電流を制御した場合について PSIM を用いてシミュレーションを行い，つぎのことを確かめよ。

（1） ヒステリシスバンド幅を変化させ，スイッチング周波数がどのように変化するか確認せよ。

（2） RL 負荷の時定数を変化させ，スイッチング周波数がどのように変化するか確認せよ。

【10】 インバータの応用製品を一つ取り上げ，その製品に使用されている電力変換器の基本構成や制御法などを簡潔に述べよ。

5. 交流‐直流変換回路 (整流回路)

整流回路（rectifier）は，交流を直流に変換する電力変換回路である。身の回りにある家電製品では，整流回路が多く使われている。例えば，携帯電話の充電器やノートパソコンの電源アダプタは，コンセントの交流電圧を直流電圧に変換している。また，インバータエアコンは，整流回路を用いて交流を直流に変換した後，4章で学んだインバータにより再び交流に変換しコンプレッサ用のモータを駆動している。本章では，この整流回路に関して，種類や特徴，動作原理について述べる。

5.1 整流回路の分類

　整流回路についても，インバータ同様，数多くの回路方式が存在する。その中でも代表的な整流回路の分類を**図 5.1**に示す。

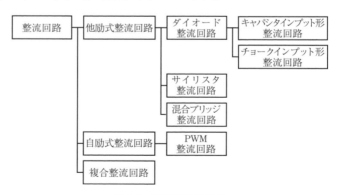

図 5.1　整流回路の分類

　他励式整流回路には，パワーデバイスとしてダイオードを用いた**ダイオード整流回路**，サイリスタを用いた**サイリスタ整流回路**，ダイオードとサイリスタを組み合わせて用いた**混合ブリッジ整流回路**がある。また，自励式整流回路

は，パワーデバイスとしてオンオフ可制御デバイスを用い，その代表的なものには，PWM整流回路がある。また，整流回路の入力電流波形を改善し，力率を向上させるために，整流回路に付加回路を接続した複合整流回路[1] も各種提案されている。

なお，図5.1に示した整流回路には，いずれも単相と三相の回路構成が可能である。本書では，基本となる単相整流回路を中心に説明を行う。以下，図5.1の分類に従い説明する。

5.2 他励式整流回路

5.2.1 単相ダイオードブリッジ整流回路

ダイオード整流回路の一つに**図5.2**に示す**単相ダイオードブリッジ整流回路**がある。この回路は，単相ダイオードブリッジ整流回路のほか，**単相全波整流回路**と呼ばれることもある。図

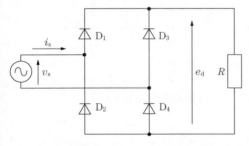

図5.2 単相ダイオードブリッジ整流回路

5.2の回路は，交流電圧 v_s の極性（図中矢印の向きを正とする）により，ダイオードD_1～D_4の導通，非導通状態が決まり，電流が流れるダイオードが切り換わる。このように電流の流れが切り換わることを**転流**（commutation）という。単相ダイオードブリッジ整流回路には，二つの動作モードがあり，以下の動作モードの説明では，理解を容易にするため，交流電圧源をダイオードブリッジの中間に移動させた**図5.3**を用いる。また，各部波形を**図5.4**に示す。

図5.3および図5.4に示すように，交流電源電圧 v_s が正のときには，順バイアスとなるダイオードD_1，D_4がオン状態になり，逆バイアスとなるD_2，D_3がオフ状態になる。また，v_s が負のときには，オン，オフの状態が入れ替わる。この動作により出力電圧 e_d は一方向の極性となり，直流成分を含む（時間平均が0にならない）電圧が得られる。いま，交流電源電圧 v_s が次式で表

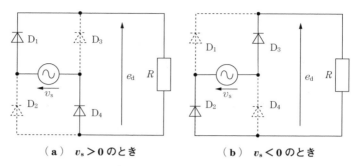

（a） $v_s > 0$ のとき （b） $v_s < 0$ のとき

図5.3 単相ダイオードブリッジ整流回路の動作モード

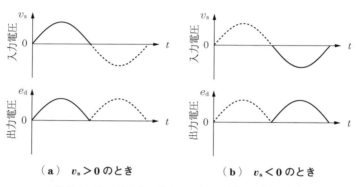

（a） $v_s > 0$ のとき （b） $v_s < 0$ のとき

図5.4 単相ダイオードブリッジ整流回路の各部波形

されるものとする。

$$v_s = \sqrt{2}\,V \sin 2\pi ft \tag{5.1}$$

このとき，直流電圧 e_d をフーリエ級数展開すると次式が得られる[†]。

$$e_d = |v_s| = \frac{2\sqrt{2}\,V}{\pi} + \frac{4\sqrt{2}\,V}{\pi} \sum_{m=1}^{\infty} \frac{\cos 4m\pi ft}{1 - 4m^2} \tag{5.2}$$

上式の右辺第1項は直流成分，すなわち e_d の平均値を表している。これより，ダイオードブリッジ出力部の平均電圧（直流成分）が，入力交流電源電圧の実効値の $2\sqrt{2}/\pi$ 倍（約0.9倍）であることがわかる。また，第2項は高調波成分を表しており，高調波の最低次数（$m=1$ のとき）が，交流電源電圧 v_s の2倍の周波数成分であることを示している。

[†] 高調波は，偶数次のみ現れるので $n = 2m$ としてある。

　一般的な整流回路の用途では，出力の直流電圧・電流の脈動（リプル）が小さいことが求められる。出力電圧脈動の抑制法としては，3章で学んだようにコンデンサ（キャパシタ）を負荷と並列に挿入すればよい。また，出力電流脈動を抑制したければ，電流経路にコイル（インダクタ）を挿入すればよい。直流側にキャパシタを挿入した整流回路を**キャパシタインプット形整流回路**と呼び，コイルが挿入された整流回路を**チョークインプット形整流回路**と呼ぶ。これら二つの整流回路の動作についてつぎに述べる。

（1）　キャパシタインプット形整流回路　図 5.5 にキャパシタインプット

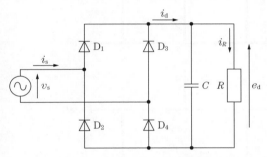

図 5.5　キャパシタインプット形整流回路

形整流回路の回路図を示す。また，キャパシタインプット形整流回路の動作モードを**表 5.1** に，動作波形を**図 5.6** に示す。

　キャパシタインプット形整流回路では，出力側に設けられたキャパシタにより

表 5.1　キャパシタインプット形整流回路の動作モード

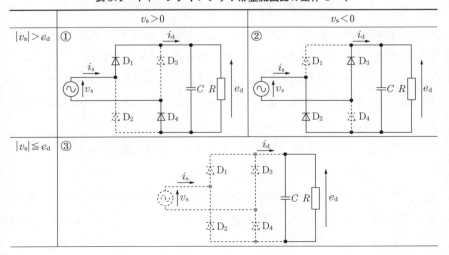

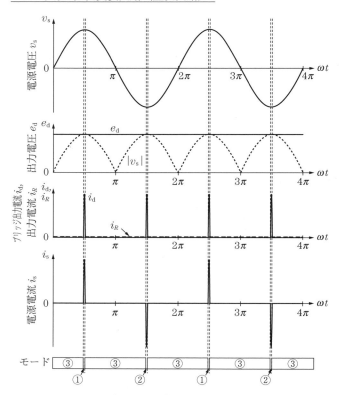

図5.6　キャパシタインプット形整流回路の動作波形

電圧が平滑化されるため，交流電源電圧の絶対値 $|v_\mathrm{s}|$ よりも出力電圧 e_d が高くなる状態（表5.1の③のモード）が存在する。このときには，すべてのダイオードは逆バイアス状態となりオフするため，電源電流は流れず，キャパシタに蓄えられた電荷が放電することにより負荷に電流が流れる（電力が供給される）。

　ここで，出力電圧の変動（リプル）を考える。交流電源電圧 v_s を

$$v_\mathrm{s}=\sqrt{2}\,V\sin\omega t$$

とし，すべての回路素子が理想的であるとすると，表5.1の①，または②のモードでキャパシタの電圧は交流電源電圧のピーク値（$\sqrt{2}\,V$）まで充電された後，③のモードで放電される。

ここで，キャパシタの電圧 $v_c(=e_d)$ と電流 i_c の関係式は次式で表される。

$$\frac{dv_c}{dt}=\frac{i_c}{C} \tag{5.3}$$

いま，出力電流が一定であると仮定し，その値を I_R とすると，③ のモードにおける出力電圧の減少幅 ΔE_d は，式 (5.3) より，次式で近似できる。

$$\Delta E_d=\frac{I_R}{C}\Delta T\fallingdotseq\frac{I_R}{C}\frac{2\pi}{2\omega}=\frac{\pi I_R}{\omega C} \tag{5.4}$$

ただし，①，② のモードが非常に短いものとして，ΔT は電源周期の 1/2（単相インバータの場合）としている。したがって，式 (5.4) より，C の値を大きくすれば出力電圧リプルは小さくなり，出力電流の増加に伴い出力電圧リプルが大きくなることがわかる。これより，平均出力電圧 E_d は，次式で近似できる。

$$E_d\fallingdotseq\sqrt{2}\,V-\frac{1}{2}\Delta E_d=\sqrt{2}\,V-\frac{\pi I_R}{2\omega C} \tag{5.5}$$

したがって，出力電流の増加に伴い，平均電圧が減少することがわかる。

なお，動作波形は図 5.6 に示すような波形となり，交流電源に流れる電流は，キャパシタ充電時に非常に高いピークを持った不連続波形となり，キャパシタンスが大きくなるほど，また，配線などのインダクタンスが小さいほどピーク値が高くなるので，実際のキャパシタインプット形整流回路では，電源電流のピーク値を抑え，力率を改善するために，**図5.7** のように交流側に L を接続した構成が用いられることもある。この場合の動作波形を**図5.8** に示す。

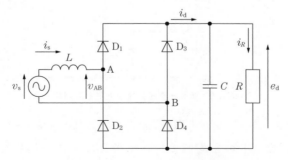

図5.7 キャパシタインプット形整流
回路（交流側に L を接続した場合）

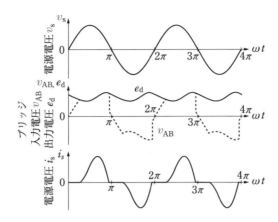

**図 5.8　実際のキャパシタインプット形整流
回路の動作波形（交流側に L を接続）**

図 5.8 を見ると，図 5.6 と比べて，電源電流の変化がなだらかになっていることがわかる。

（2）　チョークインプット形整流回路　　図 5.9 にチョークインプット形整流回路の回路図を示す。また，**図 5.10** に L/R が大きく，L に流れる電流 i_L（出力電流）が連続であるときの動作波形を示す。

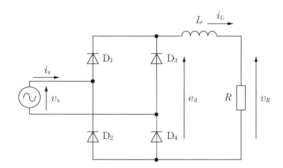

図 5.9　チョークインプット形整流回路

ここで，チョークインプット形整流回路の出力電圧（図 5.10 では，抵抗に印加される電圧 v_R）の平均値について考えてみる。交流電源電圧 v_s が $\sqrt{2}\,V\sin\omega t$ で表される場合，e_d の平均電圧 E_d は通常のダイオードブリッジ

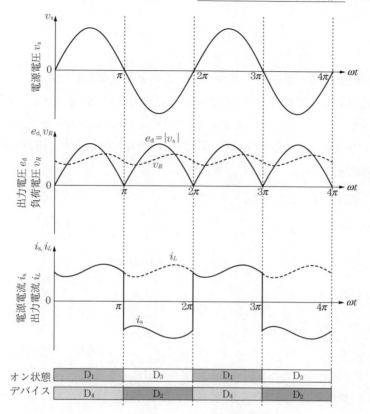

図 5.10　チョークインプット形整流回路の動作波形

整流回路と同じであるので，$2\sqrt{2}\,V/\pi$ となる。インダクタの電圧定常特性より，L の平均電圧は 0 であることから，出力電圧 v_R の平均電圧 V_R は，$2\sqrt{2}\,V/\pi$ となる。前節で示した通り，キャパシタインプット形整流回路では，出力電流の増加に伴い平均電圧も減少するが，チョークインプット形整流回路では，出力電流によらず一定であることがわかる†。

つぎに，出力電流 i_L について考える。e_d は，フーリエ級数展開すると，前述の通り式 (5.2) で表される。ここで，e_d の各高調波成分を e_{dhm} とすると，

---

†　実際には，インダクタの等価直列抵抗などでの電圧降下により，出力電流の増加に伴い出力電圧が多少低下する。

次式が成り立つ。

$$e_\mathrm{d} = E_\mathrm{d} + \sum_{m=1}^{\infty} e_{dhm}$$

また，電圧 e_d は，抵抗 R とインダクタ L の直列回路に印加されており，定常状態で L の1周期当りの平均電圧がゼロであるので，$E_\mathrm{d} = V_R$ となる。したがって，電圧の直流成分は R にすべて印加され，高調波成分 $\sum_{m=1}^{\infty} e_{dhm}$ は L と R に印加されているものとみなすことができる。これより，出力電流 i_L の各高調波成分を i_{Lhm} とすると，次式が得られる。

$$Ri_{Lhm} + L\frac{di_{Lhm}}{dt} = e_{dhm} \tag{5.6}$$

したがって，i_{Lhm} は

$$i_{Lhm} = \frac{4\sqrt{2}\,V}{(1-4m^2)\pi} \frac{1}{\sqrt{R^2+(2m\omega L)^2}} \sin(2m\omega t + \phi_m) \tag{5.7}$$

となる。ただし

$$\phi_m = \tan^{-1}\frac{R}{2m\omega L}$$

である。ここで，式 (5.7) からもわかるように，高調波の次数が高くなる（m の値が大きくなる）に従い，L の平滑作用により電流が小さくなることを考慮し，最低次数（$m=1$）の高調波に着目すると

$$\sum_{m=1}^{\infty} i_{Lhm} \fallingdotseq \frac{-4\sqrt{2}\,V}{3\pi\sqrt{R^2+(2\omega L)^2}} \sin(2\omega t + \phi_1) \tag{5.8}$$

となるので，出力電流 i_L は

$$i_L \fallingdotseq \frac{2\sqrt{2}\,V}{\pi R} - \frac{4\sqrt{2}\,V}{3\pi\sqrt{R^2+(2\omega L)^2}} \sin(2\omega t + \phi_1) \tag{5.9}$$

となる。この式と図5.10から，出力電流の高調波は，電源周波数の2倍の成分のものが支配的であり，その振幅はインダクタ L の値に依存していることがわかる。また，平均電流は抵抗 R の値に依存していることがわかる。

チョークインプット形整流回路の電源電流 i_s は，D_1 および D_4 が導通しているときには出力電流 i_L，D_2 と D_3 が導通しているときには時間軸（ωt 軸）を中心に出力電流 i_L を正負反転させた電流となる。

5.2.2 三相ダイオードブリッジ整流回路

三相ダイオードブリッジ整流回路の回路図を**図5.11**に，動作波形を**図5.12**に示す。ここでは，基本回路を示しているが，単相ダイオードブリッジ整流回路と同様に，チョークインプット形やキャパシタインプット形などの回路構成が可能である。

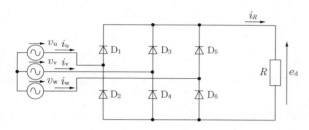

図5.11 三相ダイオード
ブリッジ整流回路

図5.12に示すように，ダイオード $D_1 \sim D_6$ は，それぞれ120°ずつ導通する。このため，各相の電源に流れる電流は，120°の期間電流が流れた後，60°の期間流れない状態を繰り返すことになる。例えば，u相について見てみると，u相の電源に接続されているダイオードは D_1, D_2 であるので，D_1 と D_2 のどちらかのダイオードが導通したときにのみ，u相電源に電流が流れることになる。D_1 が導通しているときには正の向き（図5.11の矢印の向き）に，D_2 が導通しているときには負の向きに，出力電流 $i_R = e_d/R$ が流れる。なお，上側のダイオードに対して下側のダイオードは，それぞれ180°ずつ遅れて動作する。

【例題5.1】 図5.11の三相ダイオードブリッジ整流回路において，三相交流電源電圧（線間電圧実効値）を V とし，出力電圧 e_d の平均値を求めよ。

解答 線間電圧実効値が V であるので，線間電圧 v_l は $v_l = \sqrt{2}\, V \sin \omega t$ で表せる[†]。ここで，三相ダイオードブリッジ整流回路の出力電圧は，線間電圧のピーク値を含む60°の区間（例えば，$\pi/3 \sim 2\pi/3$）で繰り返されることを考慮すると，e_d の平均値 E_d は次式で得られる。

$$E_d = \frac{3}{\pi} \int_{\pi/3}^{2\pi/3} v_l \, d(\omega t) = \frac{3}{\pi} \int_{\pi/3}^{2\pi/3} \sqrt{2}\, V \sin \omega t \, d(\omega t) = \frac{3\sqrt{2}\, V}{\pi} \qquad (5.10) \qquad \diamondsuit$$

[†] 図5.12はu相電圧を基準として ωt 軸の原点を定めて描いてあるが，ここでは線間電圧を基準として考えている。

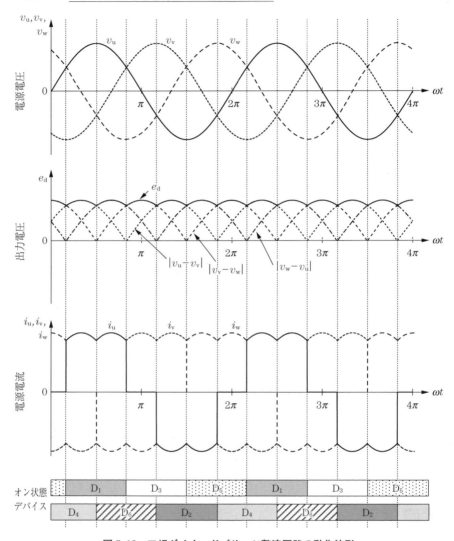

図 5.12　三相ダイオードブリッジ整流回路の動作波形

5.2.3　単相サイリスタブリッジ整流回路

サイリスタ整流回路の一つに**図 5.13** に示す**単相サイリスタブリッジ整流回路**がある。サイリスタ整流回路は，図 5.13 に示すように図 5.2 のダイオード

ブリッジ整流回路のすべてのダイオードをサイリスタに置き換えた回路構成である。

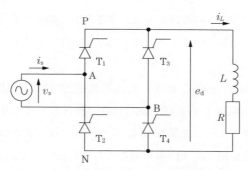

図 5.13 単相サイリスタブリッジ整流回路

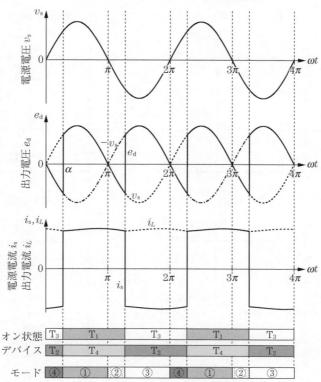

図 5.14 単相サイリスタブリッジ整流回路の動作波形
（L に流れる出力電流 i_L が連続の場合）

2章で学んだように，サイリスタはオン可制御デバイスであり，オフ状態からオン状態への移行（ターンオン）は，アノード-カソード間電圧が順バイアス時にオン信号（ゲートパルス）を入力することで制御可能であるが，オン状態からオフ状態への移行（ターンオフ）はアノード-カソード間電圧を逆バイアスにする必要がある。

　図5.14に負荷の時定数L/Rが，交流電源電圧の周期に比べ十分大きく，負荷に流れる出力電流i_Lが連続である場合の動作波形を示す。また，この条件下での回路の動作モードを**図5.15**に示す。図5.14で，αは**位相制御角**と呼ばれるもので，電源電圧の$\omega t = 0$を基準とした角度である。電源電圧が$v_s > 0$のときに，サイリスタにゲートパルスを入力すると順バイアスの電圧が印加されるサイリスタT_1，T_4がオンする（モード①）。出力電流i_Lが連続の場合，

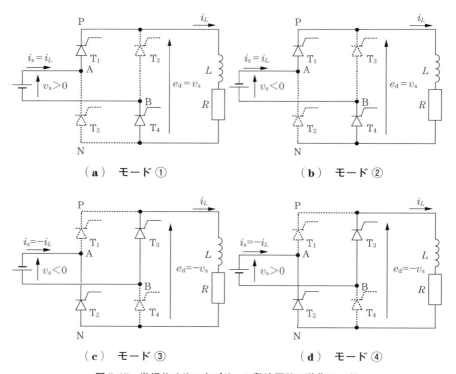

（**a**）　モード①　　　　　　　　　（**b**）　モード②

（**c**）　モード③　　　　　　　　　（**d**）　モード④

図5.15　単相サイリスタブリッジ整流回路の動作モード

電源電圧が $v_s<0$ になってもサイリスタ T_1, T_4 は，オフせずにオン状態を維持する（モード ②）。電源電圧が $v_s<0$ の状態でゲートパルスを入力すると，サイリスタ T_2, T_3 がオンし，T_1, T_4 がオフする（モード ③）。電源電圧が $v_s>0$ になっても，ゲートパルスが入力されるまで T_2, T_3 がオン状態を維持する（モード ④）。

結果として，位相制御角 α でサイリスタにゲートパルスを入力することで，負荷に流れる電流が連続である場合には，T_1, T_4 は $\alpha \sim (\pi+\alpha)$，T_2, T_3 は $(\pi+\alpha) \sim (2\pi+\alpha)$ の期間オン状態となる。ここで，出力電圧 e_d の平均値 E_d は次式により計算できる。

$$
\begin{aligned}
E_d &= \frac{1}{T}\int_{t_0}^{t_0+T} e_d\,dt = \frac{1}{2\pi}\int_0^{2\pi} e_d\,d\omega t \\
&= \frac{1}{2\pi}\left\{\int_\alpha^{\pi+\alpha}\sqrt{2}\,V\sin\omega t\,d\omega t + \int_{\pi+\alpha}^{2\pi+\alpha} -\sqrt{2}\,V\sin\omega t\,d\omega t\right\} \\
&= \frac{2\sqrt{2}\,V}{\pi}\cos\alpha
\end{aligned}
\tag{5.11}
$$

【例題 5.2】 図 5.13 の単相サイリスタブリッジ整流回路において，L に流れる電流が連続である場合に位相制御角 α を $0\sim\pi$ まで変化させたときの出力電圧 e_d の平均値 E_d の変化を図示せよ。

解答 単相サイリスタブリッジ整流回路の L に流れる電流が連続である場合，位相制御角 α に対する出力直流電圧の平均値は，式（5.11）で表せる。これより，α を $0\sim\pi$ まで変化させたときのグラフを図示すると，**図 5.16** となる。　　　　◇

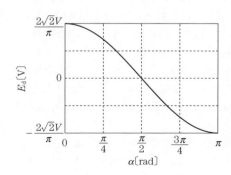

図 5.16　位相制御角 α に対する
出力平均電圧 E_d（単相サイリ
スタブリッジ：i_L 連続）

式（5.11）や図5.16において，$\pi/2 < \alpha < \pi$ の範囲では，$E_\mathrm{d} < 0$ となるため，抵抗などの負荷に対して電流を流すことができない。ただし，負荷側に図5.13の点 N 側が正極となるように直流電源が接続された状態になれば，電流を流すことができる。このときの動作状態は，負荷側の直流電力を交流電力に変換して交流電源側に送っていることになる。すなわちインバータとして機能している状態であるといえる。

🔲 転流重なり角 🔲

　実際の整流回路を構成する場合，交流電源と整流回路の間に変圧器を挿入したり，インダクタを挿入したりする。このように整流回路の交流側にインダクタンス（漏れインダクタンス）があると，転流重なり現象が生じる。

　この転流重なり現象について，**図1**に示す単相サイリスタブリッジ整流回路の交流側にインダクタ l_s を接続した回路で説明する。

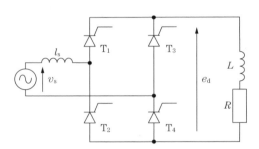

**図1　交流側にインダクタ l_s を接続した
単相サイリスタブリッジ整流回路**

　ここで，図5.13の説明時の条件と同様に，負荷の時定数 L/R が交流電源の周期に比べ十分に大きく，負荷に流れる電流が連続であるものとする。このときの動作波形を**図2**に示す。整流回路の出力電圧 e_d について，図5.14の波形と見比べると，交流側にインダクタ l_s がある場合，各サイリスタが切り替わるとき（転流時）にすべてのサイリスタが導通し，直流側が短絡している（$e_\mathrm{d} = 0$ となる）期間（θ_o）が存在していることがわかる。この θ_o のことを**転流重なり角**（overlap angle または，commutation angle）という。

　この転流重なり角 θ_o がなにに依存して変化するかを検討する。ここでは，簡単のため直流側の L が非常に大きいと仮定し，直流電流 i_L を一定値 I_L と

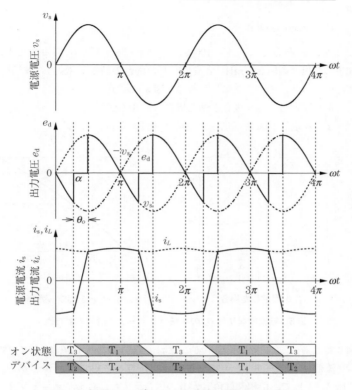

**図 2　交流側にインダクタ l_s を接続した単相サイリスタ
ブリッジ整流回路の動作波形**

して近似する。転流重なりが生じている期間中は，交流電源電圧 v_s がイン
ダクタ l_s により短絡されているのと等価であることから，次式が成り立つ。

$$v_s = l_s \frac{di_s}{dt} = \omega l_s \frac{di_s}{d\theta} \tag{1}$$

ただし，ω は電源の角周波数であり，$\theta = \omega t$ である。

ここで，交流電源電圧 $v_s = \sqrt{2}\, V \sin \omega t = \sqrt{2}\, V \sin \theta$ とし，式（1）の
両辺を $\theta = \alpha \sim (\alpha + \theta_o)$ の範囲で積分すると，次式のようになる。

$$\int_\alpha^{\alpha + \theta_o} \sqrt{2}\, V \sin \theta d\theta = \omega l_s \int_\alpha^{\alpha + \theta_o} di_s$$

$$\sqrt{2}\, V[-\cos \theta]_\alpha^{\alpha + \theta_o} = \omega l_s [i_s(\theta)]_\alpha^{\alpha + \theta_o}$$

$$\sqrt{2}\, V\{\cos \alpha - \cos(\alpha + \theta_o)\} = \omega l_s(I_L + I_L) = 2\omega l_s I_L \tag{2}$$

これより，θ_o は，次式で表される。

$$\theta_o=\arccos\left(\cos\alpha-\frac{\sqrt{2}\,\omega l_s I_L}{V}\right)-\alpha \tag{3}$$

ここで，一例として，$V=100\,\mathrm{V}$，$\omega=2\pi\times50\,\mathrm{rad/s}$，$I_L=10\,\mathrm{A}$ とし，l_s を固定した場合の値を $5\,\mathrm{mH}$，α を固定した場合の値を $\pi/6$ とし，以下の条件に従い式（3）をグラフにしたものを**図3**に示す。

1. l_s を固定して α を変化させた場合（図3（a））
2. α を固定して l_s を変化させた場合（図3（b））

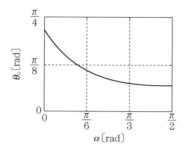
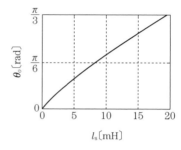

（**a**） l_s を固定した場合   （**b**） α を固定した場合

図3　転流重なり角 θ_o の各種パラメータに対する依存性

図3および式（3）よりわかることは，転流重なり角 θ_o は，出力電流 I_L，交流側インダクタ l_s，位相制御角 α に依存していることがわかる。また，図3（a）で，位相制御角 α が 0 の場合，すなわちダイオードブリッジ整流回路の場合にも転流重なり現象が生じることがわかる。

転流重なりが生じている期間中には，出力電圧が $e_d=0$ となるので，当然，e_d の平均電圧 E_d も減少する。平均電圧 E_d の減少分 ΔE_d は，次式で求めることができる。

$$\Delta E_d=\frac{2\sqrt{2}\,V}{\pi}\cos\alpha-\frac{\sqrt{2}\,V}{\pi}\left\{\int_0^\alpha-\sin\theta\,d\theta+\int_{\alpha+\theta_o}^\pi\sin\theta\,d\theta\right\}$$

$$=\frac{2\omega l_s I_L}{\pi} \tag{4}$$

これより，転流重なりによる平均電圧の減少分は，交流側に接続されたインダクタのインダクタンス l_s と出力電流 I_L に対し，比例関係にあることがわかる。

5.2.4 混合ブリッジ整流回路

単相混合ブリッジ整流回路は，図 5.17 に示すように，単相ダイオードブリ

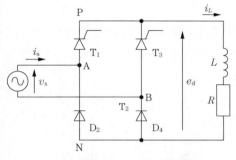

図 5.17 単相混合ブリッジ整流回路

ッジ整流回路の四つのダイオードのうち，二つのダイオードをサイリスタに置き換えた回路構成になっている。

サイリスタブリッジ整流回路と同様に，図 5.17 の T_1，T_3 はオン可制御デバイスであるため，アノード-カソード間電圧が順バイア

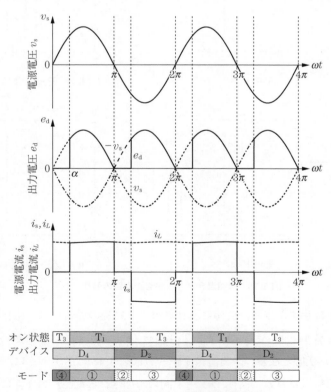

図 5.18 単相混合ブリッジ整流回路の動作波形

ス状態のときにゲートパルスを入力することでオフからオン状態へ移行する。一方，D_2，D_4 は，非可制御デバイスであるためアノード-カソード間電圧の極性によりオンオフの状態が決まる。

図5.18 に負荷の時定数 L/R が，交流電源電圧の周期に比べ十分大きく，負荷に流れる電流 i_L が連続である場合の動作波形を示す。また，この条件下での回路の動作モードを図5.19 に示す。

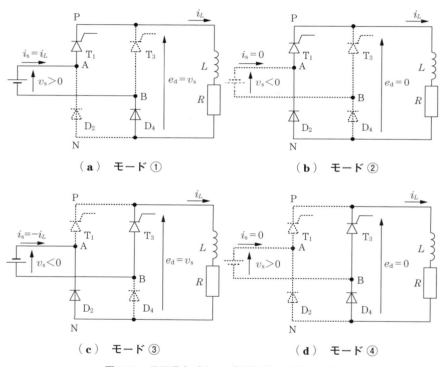

（**a**）　モード ①　　　　　　　　（**b**）　モード ②

（**c**）　モード ③　　　　　　　　（**d**）　モード ④

図5.19　単相混合ブリッジ整流回路の動作モード

図5.18 に示すように，負荷に流れる電流が連続の場合には，位相制御角 α でゲートパルスを入力すると，T_1 は $\alpha \sim (\pi + \alpha)$，$T_3$ は $(\pi + \alpha) \sim (2\pi + \alpha)$ の期間オン状態となる。一方，ダイオードは図5.18 に示すように，交流電源電圧 v_s（D_2，D_4 のアノード-カソード間に印加される電圧）の極性に依存して

D_2，D_4 のオンオフ状態が決まってしまう。このため，図5.18に示すように，出力電圧は負にはならず正の値になる。

対角のサイリスタとダイオードがオン状態となる期間には，電源に電流が流れ，出力には交流電源電圧の絶対値が現れる。また，そのほかの期間には，上下に直列接続されたサイリスタとダイオードがオン状態となり負荷との間で電流が環流するため電源電流は0となり，出力電圧も0となる。

ここで，出力電圧 e_d の平均値 E_d は次式で計算できる。

$$E_d = \frac{1}{T}\int_{t_0}^{t_0+T} e_d \, dt = \frac{1}{\pi}\int_0^\pi e_d \, d\omega t$$

$$= \frac{1}{\pi}\left\{\int_0^\alpha 0 \, d\omega t + \int_\alpha^\pi \sqrt{2}\,V \sin\omega t \, d\omega t\right\}$$

$$= \frac{\sqrt{2}\,V}{\pi}(1+\cos\alpha) \tag{5.12}$$

【例題5.3】 図5.18の単相混合ブリッジ整流回路において，L に流れる電流が連続である場合に位相制御角 α を $0\sim\pi$ まで変化させたときの出力電圧 e_d の平均値 E_d の変化を図示せよ。

解答 単相混合ブリッジ整流回路の L に流れる電流が連続である場合，位相制御角 α に対する出力直流電圧の平均値は，式（5.12）で表せる。これより，α を $0\sim\pi$ まで変化させたときのグラフを図示すると，**図5.20** となる。　　　　◇

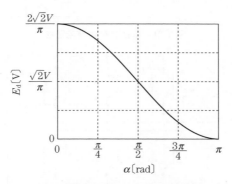

図5.20 位相制御角 α に対する出力平均
電圧 E_d （単相混合ブリッジ）

5.3　PWM 整流回路

　これまでに述べてきた整流回路では，電源に流れる電流に多くの高調波成分が含まれていた。この高調波が電源側（電力系統）に流れると，系統電圧が歪んだり，系統に接続されているほかの機器で誤作動を生じたり，性能低下や，場合によっては故障を招く場合がある。このため，電力系統に接続して使用する機器では，高調波抑制対策が求められるようになった。**PWM 整流回路**は，その対策の一つである。

　図 5.21 に単相 PWM 整流回路を，**図 5.22** に三相 PWM 整流回路の回路図を示す。回路図を見てすぐにわかるように，前章で学んだインバータと同じ回路構成となっている。両者の違いとしては，PWM 整流回路では，インバータで直流電圧源が接続されていた部分にキャパシタと負荷が，負荷が接続されていた部分にインダクタを介して交流電源が接続されていることが挙げられる。

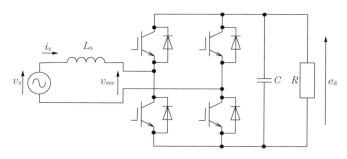

図 5.21　単相 PWM 整流回路

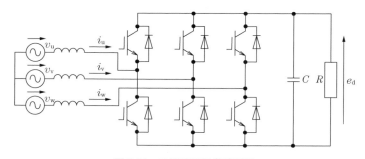

図 5.22　三相 PWM 整流回路

以下，単相 PWM 整流回路を用いて，原理の説明を行う。**図 5.23** に，単相 PWM 整流回路の動作波形例を示す。

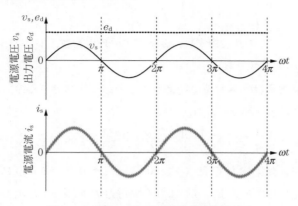

図 5.23 単相 PWM 整流回路の動作波形例

図 5.23 を見てわかるように，通常，直流電圧 e_d が交流電源電圧の振幅よりも大きな値となるように制御する。また，電流波形を見てわかるように，力率を 1 に制御することも可能である。つぎに制御方法について簡単に述べる。

図 5.24 に示す整流回路の入力側基本波等価回路を用いて制御方法を説明する。図 5.24 で，$\dot{V}_s$，$\dot{V}_{rec}$，$\dot{I}_s$ は，それぞれ，電源電圧，整流回路の入力部の電圧，電源電流を示す。ここでは，簡単のため，抵抗成分については無視している。この回路のフェーザ図を**図 5.25** に示す。

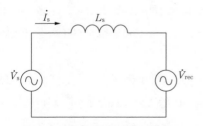

図 5.24 PWM 整流回路の入力側 基本波等価回路

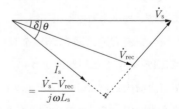

図 5.25 PWM 整流回路の入力側 基本波等価回路のフェーザ図

電源から整流回路に供給される有効電力 P および無効電力 Q は，次式で表される。

$$P+jQ= \bar{V}_\mathrm{s}\dot{I}_\mathrm{s}= \bar{V}_\mathrm{s}\frac{\dot{V}_\mathrm{s}-\dot{V}_\mathrm{rec}}{j\omega L_\mathrm{s}}$$

$$=\frac{V_\mathrm{s}V_\mathrm{rec}}{\omega L_\mathrm{s}}\sin\delta+j\frac{V_\mathrm{s}(V_\mathrm{rec}\cos\delta-V_\mathrm{s})}{\omega L_\mathrm{s}} \tag{5.13}$$

ただし，$\bar{V}_\mathrm{s}$ は，$\dot{V}_\mathrm{s}$ の共役複素数，ω は電源の角周波数，V_s，V_rec は，それぞれ $\dot{V}_\mathrm{s}$，$\dot{V}_\mathrm{rec}$ の大きさである。

ここで，通常 δ は小さな値に制御されるのが一般的であるので，式（5.13）は次式のように書き換えられる。

$$P+jQ \fallingdotseq \frac{V_\mathrm{s}V_\mathrm{rec}}{\omega L_\mathrm{s}}\delta+j\frac{V_\mathrm{s}(V_\mathrm{rec}\cos\delta-V_\mathrm{s})}{\omega L_\mathrm{s}} \tag{5.14}$$

したがって，無効電力 Q は（$V_\mathrm{rec}\cos\delta-V_\mathrm{s}$）$=0$ となるように V_rec を制御し，力率を1にできる。また δ により有効電力 P を制御し，出力電圧 e_d の大きさを制御することが可能である。

ところで，式（5.13）で，δ を進める（負にする）と有効電力 P が負の値となる。これは，電源側に電力が吸収されることを意味する。このときの動作は，直流から交流への電力の変換となるので，いわゆるインバータ動作である。このことから，この PWM 整流回路は，双方向の電力変換が可能な変換回路であるといえる。

5.4 複合整流回路

PWM 整流回路のほか，高調波電流を低減可能な回路として，数多くの**複合整流回路**が提案されているが，ここでは，オンオフ可制御デバイスを直流側に持つ複合整流回路（**図 5.26**）を取り上げる。

図 5.26 を見るとわかるように，この回路は，単相ダイオードブリッジ整流回路の直流出力側に，昇圧チョッパ（図の破線で囲まれた部分）が接続された構成となっている。

電源電圧が $v_\mathrm{s}=\sqrt{2}\,V_\mathrm{s}\sin\omega t$ で表せるとすると，L に流れる電流 i_L が $I|\sin\omega t|$（I は，出力電圧 e_d の大きさが指令した電圧になるように調整）と

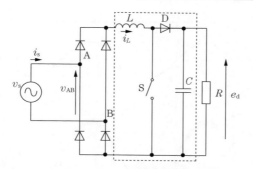

**図 5.26　オンオフ可制御デバイスを直流側に
持つ複合整流回路**

なるようにスイッチ S をオンオフすることにより，電源電流を正弦波状にす
ることが可能である。具体的には，**図 5.27** に示すような制御を行うことで，
図 5.28 に示すように電源電圧 v_s と電源電流 i_s を同位相，すなわち力率を 1
にできる[†]。

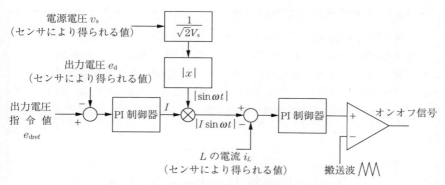

図 5.27　図 5.26 の複合整流回路の制御方法の一例

なお，図 5.26 の回路を図 5.27 に示した制御法で制御すると，スイッチ S を
高速動作させるため，スイッチング損失が発生するほか，スイッチ S に高周波
スイッチング可能なパワーデバイスを用いる必要がある。これに対して，電源
電圧の半周期に一度ある一定期間スイッチ S をオンすることにより，電源電流
の不連続期間を短くし，電源電流の高調波を抑制する方式も提案されている[12]。

[†]　図 5.27 は PWM 制御法であるが，4.6.3 項のヒステリシス制御を用いることも可能。

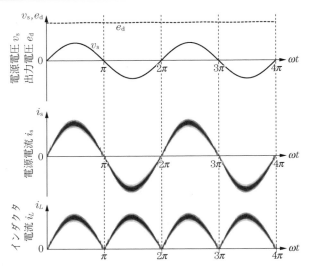

図 5.28　図 5.26 の複合整流回路の動作波形

■ その他の複合整流回路 [13] ■

　複合整流回路には，図 5.26 のほか，オンオフ可制御デバイスを交流側に持つ複合整流回路（**図 1**）やマルチレベル整流回路（**図 2**）などがある。

　図 1 の交流側にオンオフ可制御デバイスを持つ複合整流回路は，図 5.26 と同様の制御を行うことにより，入力力率を改善できる。ただし，図 5.26 のスイッチ S に流れる電流は一方向であったのに対し，図 1 のスイッチ S

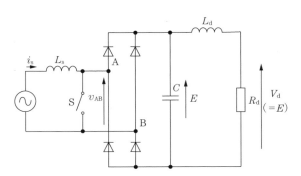

図 1　オンオフ可制御デバイスを交流側に
持つ複合整流回路

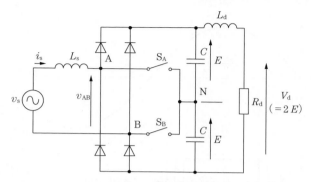

図2　単相マルチレベル整流回路

には，双方向に電流が流れる。このため，逆阻止IGBTを用いるか，**図3**に示すような構成にする必要がある。

また，図2のスイッチS_A，S_Bも双方向に電流が流れるため，逆阻止IGBTや図3に示す双方向スイッチを用いる必要がある。この整流回路では，キャパシタ電圧が一定であるものとすると，スイッチS_A，S_Bを**図4**に示すようにオンオフすることで，整流回路の入力電圧v_{AB}をマルチレベル波形とすることができる。これにより，入力電流の高調波を低減できる。

なお，各スイッチのオンオフ信号のパターンは，4.6.1項の低次高調波消去方式PWM制御と同様の考え方を電流に対して適用し，求めることができる[14]。

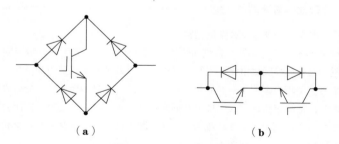

（**a**）　　　　　　　　　　　（**b**）

図3　双方向スイッチの構成例

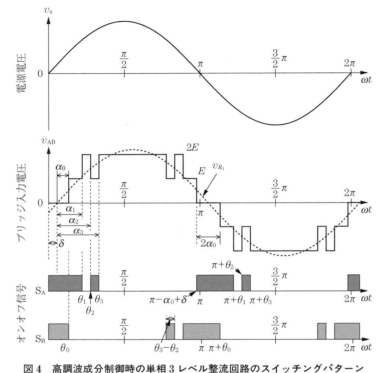

図4　高調波成分制御時の単相3レベル整流回路のスイッチングパターン

☕ その他の整流回路 ☕

（1）　センタータップ式整流回路

　単相ダイオードブリッジ整流回路や単相サイリスタブリッジ整流回路では，電源と負荷の間に電流が流れる経路に二つのダイオードやサイリスタが存在する。実際のダイオードやサイリスタでは，パワーデバイスでの電圧降下があり，電流が流れることにより損失が発生する。このため，低出力電圧で大きな出力電流が要求される場合には，**図1**に示す**センタータップ式整流回路**が使用されることがある。

　センタータップ式整流回路は，出力波形などはブリッジ形整流回路と同じになるが，一つのダイオードが交互に導通するためパワーデバイスでの損失を抑えることができる。

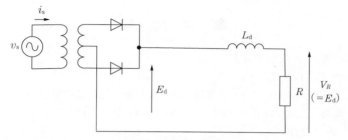

図1　センタータップ式整流回路（チョークインプット形）

（2）　倍電圧整流回路

簡単な回路構成で，高い出力電圧を得る方法として，**図2**の**単相倍電圧整流回路**が挙げられる。

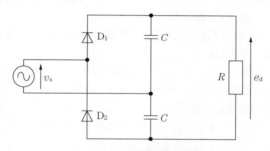

図2　単相倍電圧整流回路

図2に示す単相倍電圧整流回路では，交流電源電圧 v_s の半周期ごとに，上下二つのキャパシタへの充電を切り替えることで，単相ダイオードブリッジ整流回路と比べて，2倍の出力電圧を得ることができる。

🖳 PSIM＋SIMVIEW で高調波解析する際の注意 🖳

PSIM＋SIMVIEW で高調波解析を行う場合には，つぎの点に気をつけないと正しい結果が得られないので，注意が必要である。

- シミュレーション結果が定常状態に達していること。
- SIMVIEW で表示している波形が基本波の整数倍になるように，X 軸のレンジを設定していること。

PSIM のデモ版で定常状態まで計算するには，"simulation control" ブロックの "total time" および "print time" を適切に設定すればよい。

章 末 問 題

【1】 転流について説明せよ。

【2】 式 (5.2) を導出せよ。

【3】 キャパシタインプット形整流回路の入力側（交流電源側）に L を追加した場合としない場合について PSIM を用いてシミュレーションを行い，入力力率を比較せよ。

【4】 キャパシタインプット形整流回路とチョークインプット形整流回路のシミュレーションを行い，以下のことを確かめよ。

(1) 負荷抵抗の値を同一にして，交流電源電流の波高値を比較せよ。

(2) 負荷抵抗の値を同一にして，入力力率を比較せよ。

(3) 負荷抵抗の値を変化させたときに，出力電圧の平均値の変化をそれぞれ調べて比較せよ。

【5】 図 5.11 の三相ダイオードブリッジ整流回路の動作モードを各モードの等価回路を用いて説明せよ。

【6】 図 5.13 の単相サイリスタブリッジ整流回路において，入力交流電圧 100 V，50 Hz，$R=1\,\Omega$，$L=100\,\mathrm{mH}$ とする。PSIM を用いて，$\alpha=60\,\mathrm{deg}$ および，$\alpha=100\,\mathrm{deg}$ の場合のシミュレーションを行い，図 5.14 の出力電圧波形と式 (5.11) で計算される出力平均電圧について考察せよ。

6. 交流-交流直接変換回路

4章で説明されたインバータは，直流電源を加工し交流電圧，電流を得る装置である。この章では，インバータとは異なり，交流電圧を入力とし，その一部が負荷に直接印加される方式の変換回路について説明する。

6.1節では，サイリスタブリッジを用い，三相電圧波形の必要箇所を適宜取り出し，近似的に可変周波数の交流電圧を得るサイクロコンバータを説明する。6.2節では，サイリスタスイッチを用い，負荷に印加される交流電圧の位相を調整することで，負荷電圧，電流の実効値を調整する交流電力調整器について説明する。6.3節では，IGBTなどの自己消弧型のスイッチングデバイスとディジタル制御機器を用いて，高度な入出力制御により直接交流電圧を得るマトリックスコンバータを説明する。

6.1 サイクロコンバータ

6.1.1 目的・手段・用途

（1）目　的　サイクロコンバータ（cyclo converter）は，5.2.3項で学んだサイリスタブリッジを複数用い，通常使用される商用周波数 50 Hz，あるいは，60 Hz から，ほぼ 0〜十数 Hz の領域の可変周波数出力を得る変換器である。

（2）手　段　2台のサイリスタブリッジを，直流電流出力の方向がたがいに逆向きになるよう，直流出力端子を接続し，正方向の電流を1台のサイリスタブリッジが供給し，負方向の電流をもう1台のサイリスタブリッジが供給することで，負荷に正負の2方向の電流を流して交流電流とする。

（3）用　途　電圧・電流の周波数を変えられるので，電動機の回転速度の制御に用いられる。また，可変速揚水発電電動機などの二次励磁装置とし

て，低い周波数の電流を流すため，使用される。しかし，現在は，この用途に
は IGBT などの自己消弧素子を使用したインバータが多く使われている。サ
イクロコンバータは，大容量化が容易な点から，非常に大容量（数十 MVA）
の電動機の可変速駆動に用いられる。

6.1.2 実 現 方 法

（1） 回 路 構 成　サイクロコンバータの基本回路を**図 6.1** に示す。サイリ
スタブリッジ 1 で正方向，サイリスタブリッジ 2 で負方向に電流を流す。負荷
に正方向の電流を流すブリッジを正群ブリッジ，負方向の電流を流すブリッジ
を負群ブリッジと呼ぶ。

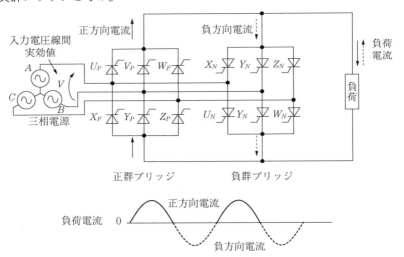

図 6.1　非循環形サイクロコンバータ（単相）の構成

サイリスタブリッジの直流出力に，リアクトルを設置し，二つのサイリスタ
ブリッジ間でつねに電流を循環させて運転する回路は，**循環形サイクロコンバ
ータ**と呼ばれるが，その適用例は少ないので説明を省略する。それに対し，こ
こで説明する図 6.1 の構成は，電流を二つのブリッジ間で循環させないので，
非循環形サイクロコンバータと呼ばれる。

（2）　サイリスタブリッジの出力電圧　サイリスタブリッジの出力電圧の平

均値 V_{av} は，位相制御角 α の関数として，式（6.1）で表される。

$$V_{av} = \frac{3\sqrt{2}}{\pi} V \cos \alpha \tag{6.1}$$

ただし，V はブリッジ入力の交流線間電圧実効値とする。

　式（6.1）から，サイリスタブリッジの出力電圧平均値は，位相制御角 α で調整できることがわかる。位相制御角 α の変化に伴うサイリスタブリッジ出力電圧，出力平均電圧の変化の様子を，**図 6.2** に示す。位相制御角が 90° 未満では正の電圧が出力される。90° を超えると負の電圧が出力される。ただし，電圧の平均値が式（6.1）どおりとなるためには，サイリスタブリッジに電流が連続して流れているという条件が必要である。詳しくは，文献[1] を参照されたい。

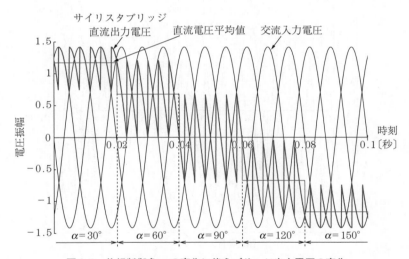

図 6.2　位相制御角 α の変化に伴うブリッジ出力電圧の変化

（**3**）　**サイクロコンバータの動作**　位相制御角 α を連続的に動かし，サイリスタブリッジの出力電圧平均値 V_{av} が正弦波になるように調整する。目標とする正弦波電圧の振幅を V_p，周波数を f とすると，出力電圧目標の瞬時値 v^* は，式（6.2）で表される[2]。

$$v^* = V_p \sin(2\pi ft) \tag{6.2}$$

　この値が式（6.1）の V_{av} となるように α を決定する。そのためには $V_{av} = v^*$

の方程式を解いて，式 (6.3) を得る。

$$\alpha = \cos^{-1}\left(\frac{\pi}{3\sqrt{2}\,V}v^*\right) = \cos^{-1}\left(\frac{\pi}{3\sqrt{2}\,V}V_p\sin(2\pi ft)\right) \tag{6.3}$$

　負荷に正方向電流を流す場合には，正群ブリッジをこの制御位相角 α で運転する。負方向電流については，負群ブリッジの出力電圧の極性が逆なので，出力電圧目標値の極性を反転させ，式(6.3)の v^* を $-v^*$ に置き換えて計算する。

$$\alpha_N = \cos^{-1}\left(-\frac{\pi}{3\sqrt{2}\,V}v^*\right) \tag{6.4}$$

　出力電圧 V_{av} の周波数が 10 Hz となるように制御した場合のサイクロコンバータの動作例を**図6.3**に示す。

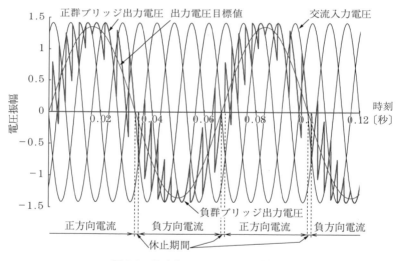

図6.3　サイクロコンバータの動作例

　非循環サイクロコンバータでは，正群ブリッジの運転期間と負群ブリッジの運転期間との間に，図6.3 に示すように休止期間を設け，ブリッジ出力電流を確実にゼロにしてから切り替える操作を行う。正群ブリッジのサイリスタ U_p が負荷電流を流している状態で，負群ブリッジのサイリスタ Y_N がオンされると，電源から見て A 相-B 相間の短絡になってしまうためである。この例は一例であり，ほかの正群，負群のサイリスタの組合せでも同様の現象が発生する

可能性がある。

　ここで，サイクロコンバータは，交流電圧から異なる周波数の交流電圧を作り出すので，その目的だけを追求すると，ほかの手段も存在する。例えば，7.1.1項で述べる間接交流-交流変換と呼ばれる手法では，整流器で交流を直流に変換し，インバータで直流から交流電圧を作り出す。この方法では，直流電圧を介するので，交流/直流さらに直流/交流と2回の変換を経る。したがって，直接変換のサイクロコンバータより入力から出力までのエネルギー効率が低くなる。しかし，メリットは，間接交流-交流変換では交流出力周波数に制限がない点である。ちなみに，サイクロコンバータでは，交流出力周波数は，入力交流周波数の1/3程度以下である。数MW以上の大型の電気機器の駆動用には，サイクロコンバータの使用例が多かったが，3レベルインバータを用いた間接交流-交流変換器が増えている。

6.2　交流位相調整回路

6.2.1　目的・手段・用途

　（1）**目　　　的**　交流位相調整回路は，交流電源と負荷との間に設置され，スイッチ動作する回路である。このスイッチ回路を交流電源の1サイクルの間に入り切りし，360°の間の特定の期間だけ負荷に電源電圧を印加する回路である。その期間をスイッチをオンする電圧位相により調整し，負荷の電圧実効値，電流実効値を制御することを目的とする回路である。

　（2）**手　　　段**　スイッチ回路は，サイリスタなどゲート信号によりオンし，電流がゼロになったときにオフする半導体素子を用いて構成される。小容量の装置では，一つの素子で双方向の位相調整ができる**トライアック**と呼ばれる半導体素子が用いられる。

　（3）**用　　　途**　身近な用途としては，白熱電球の調光，電熱器の温度調整などに用いられる。工業用途としては，大型化学プラントや半導体工場の材料加熱，温度調整などに用いられる。

6.2.2 実 現 方 法

（1） 回 路 構 成　交流位相調整回路の構成を図6.4に示す。サイリスタ1で
順方向，サイリスタ2で逆方向に電流を
流す。

（2） 抵抗負荷での動作　ここでは，
説明の簡単化のため，単相回路により回
路動作を説明する。負荷が抵抗 R であ
る場合について，まず説明する。

　サイリスタの点弧する位相 α は，交流
電圧のゼロ点を基準とした位相角である。

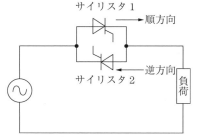

**図6.4　交流位相調整回路
（単相）の構成**

この位相を変化させ，負荷電圧・電流を制御するので，位相調整回路と呼ばれる。

　サイリスタにゲートパルスを与えなければ，サイリスタはオフ状態を継続す
る。したがって，電圧ゼロ点からサイリスタが点弧するまで間の電圧はサイリ
スタが背負い，負荷には電圧がかからず電流が流れない。サイリスタが点弧す
ると，負荷に電源電圧が印加し，電流が流れる。その様子を図6.5（a）に示
す。電流の通電期間 δ は π-α となる。

　位相制御角 α の関数として，負荷電流 $i(t)$ は，式（6.5）のように表される。

$$\left.\begin{array}{ll} \omega t < \alpha, & i(t) = 0 \\[2mm] \alpha \le \omega t < \pi, & i(t) = \dfrac{V_p}{R} \sin \omega t \\[2mm] \pi \le \omega t < \pi + \alpha, & i(t) = 0 \\[2mm] \pi + \alpha \le \omega t < 2\pi, & i(t) = \dfrac{V_p}{R} \sin \omega t \end{array}\right\} \tag{6.5}$$

ただし，V_p：交流電圧ピーク値，ω：交流電圧の角周波数，R：抵抗負荷の抵
抗値とする。

　式（6.5）から，電流の実効値 I_{rms} を計算すると，式（6.6）のように表さ
れ，位相制御角 α で実効値を調整できることがわかる。

$$I_{\text{rms}} = \frac{V_p}{\sqrt{2}\,R} \sqrt{\frac{\pi - \alpha}{\pi} + \frac{\sin 2\alpha}{2\pi}} \tag{6.6}$$

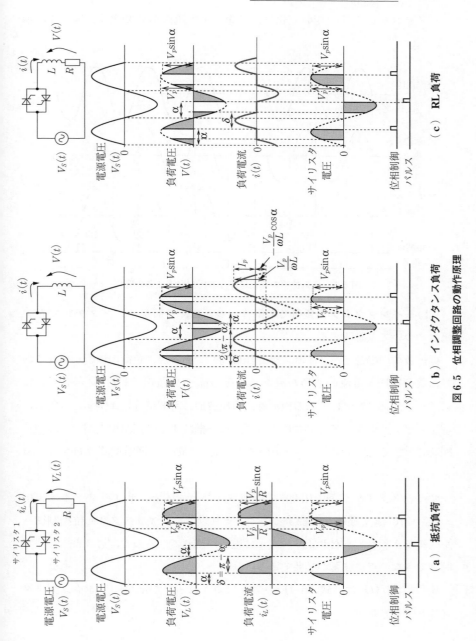

（c）**RL 負荷**

（b）**インダクタンス負荷**

（a）**抵抗負荷**

図 6.5　位相調整回路の動作原理

サイリスタの点弧位相の変化に伴う電圧・電流波形の変化を，**図6.6**に示す。

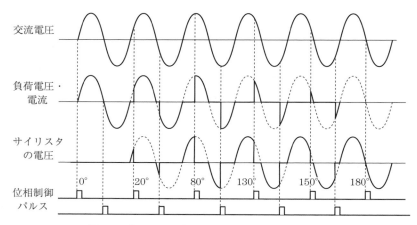

交流電圧

負荷電圧・
電流

サイリスタ
の電圧

位相制御
パルス

0°   20°   80°   130°   150°   180°

図6.6　点弧位相の変化に伴う電圧・電流波形の変化

（3）　インダクタンス負荷での動作　つぎに，負荷がインダクタンス L の場合について，説明する。

抵抗負荷の場合と，サイリスタ動作は同じであるが，負荷の性質が異なるので，負荷電圧・電流の波形が異なる。その様子を図6.5（b）に示した。特に，インダクタンスに流れる電流は，電圧波形の時間積分に比例する。電流は電圧のゼロ点になってもゼロにならず通電を継続する。回路損失がない理想状態を想定すると，α から $(2\pi - \alpha)$ まで通電するので，通電期間 δ は $2(\pi - \alpha)$ となる。

サイリスタ1が制御位相90°で点弧されたとすると，サイリスタ1は360°−90°＝270°まで通電を継続するので，それ以前にサイリスタ2に位相制御パルスを与えても，まだサイリスタ1に電流が流れているので，思うように位相制御できない点に注意が必要である。

負荷電流 $i(t)$ は，式（6.7）のように表される。ただし，L はインダクタンスとする。

$$\frac{\pi}{2} \leqq \omega t < \alpha, \qquad i(t) = 0$$

$$\alpha \leqq \omega t < 2\pi - \alpha, \quad i(t) = \frac{V_p}{\omega L}(-\cos \omega t + \cos \alpha) \Bigg\} \qquad (6.7)$$

$$2\pi - \alpha \leqq \omega t < \frac{3\pi}{2}, \quad i(t) = 0$$

インダクタンス電流の実効値は，式（6.8）のようになる。

$$I_{\mathrm{rms}} = \frac{V_p}{\sqrt{2}\,\omega L}\sqrt{\frac{2(\pi - \alpha)}{\pi}(1 + 2\cos^2\alpha) + \frac{3}{\pi}\sin 2\alpha} \qquad (6.8)$$

サイリスタの点弧位相の変化に伴う電圧・電流波形の変化を，**図 6.7** に示す。

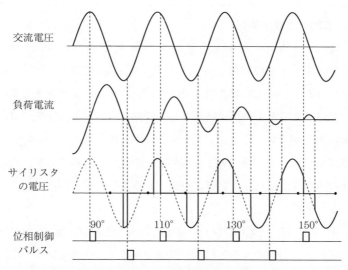

図 6.7　点弧位相の変化に伴う電圧・電流波形の変化（インダクタンス負荷）

（4）　RL 負荷での動作　負荷が抵抗 R とインダクタンス L とから構成される場合は，前述の（2）と（3）の中間の様相となる。電源電圧と負荷電流を図 6.5（c）に示す。

R と L の割合によりサイリスタの通電期間が異なる。負荷力率角を φ とすると $\alpha > \varphi$ の場合に位相制御が可能となり，負荷電流は式（6.9）で表される。

$$i(t) = \frac{V_p}{Z} \left\{ \sin(\omega t - \varphi) - \sin(\alpha - \varphi) e^{-\frac{R}{X}(\omega t - \alpha)} \right\} \tag{6.9}$$

ただし，$Z = \sqrt{R^2 + (\omega L)^2}$：$LR$ のインピーダンス，$X = \omega L$：リアクタンス，$\varphi = \tan^{-1} X/R$：力率角とする。

この電流の実効値は，複雑な式になるので，説明は省略する。

なお，$\alpha \leqq \varphi$ の場合，負荷には 360° 連続で電流が流れ，単純に，交流電源に RL 負荷を接続した場合と等価になる。

$$i(t) = \frac{V_p}{Z} \sin(\omega t - \varphi) \tag{6.10}$$

6.3 マトリックスコンバータ

6.3.1 目的・手段・用途

（**1**）**目　　　的**　マトリックスコンバータ（matrix converter）は，IGBT などのオンオフ可制御デバイスを用いて，高度な交流-交流直接変換を行うことを目的とした電力変換回路である。サイクロコンバータと異なり，スイッチングパルスごとに自励変換器として制御を行うため，理想的には入出力の周波数の制限がない。また，7.1.1 項で述べる間接交流-交流変換に比べると，直流コンデンサが不要であるため装置の小型化に有利であり，効率も高くできる傾向がある。ただし，制御が複雑であること，電圧利用率が低いことがデメリットである。

（**2**）**手　　　段**　三相交流から三相交流への変換の場合，九つの双方向スイッチを用いて入出力の各相へ相互に接続できるよう回路を構成する。出力する各相の電圧として入力の三相電圧のうち 1 相分を選択することを原則とし，適切に変調を行うことにより，所望の出力電圧を得る。また，制御自由度が高いことを利用して，同時に入力電流が力率 1 になるよう制御を行う。

（**3**）**用　　　途**　間接交流-交流変換の電力変換器よりも小型化に有利であり，電力の回生も可能であるため，設置スペースが限られるエレベータやモノレール，クレーンやビル空調などの一部に使用されている。また，電気自動

車用の急速充電器に採用されている例もある。

6.3.2 実 現 方 法

（1） 回 路 構 成 三相交流を三相交流へ直接変換する三相-三相マトリックスコンバータの回路構成を図6.8に示す。この回路は，入力の各相から出力の各相へそれぞれスイッチを介して接続する経路を持つことに特徴がある。ただし，接続関係により，各スイッチには正負両方の電圧が印加される場合があるため，各スイッチは，双方向に電流を流せるだけでなく，オフ時に双方向の電圧が印加されても電流が流れない逆阻止機能を持つ必要がある。このような**双方向スイッチ**の実現方法の一つとして，二つのIGBTをそれぞれ逆向きに接続したものを一つのスイッチとして用いることがよく行われており，その場合，この回路は18個のIGBTで構成されることになる。負荷としてはモータが多く，インダクタンス成分が含まれるため，入力側にはパルス電流が流れる。これを抑制するため，LCフィルタを接続する必要があるが，その時定数は基本波周波数ではなくスイッチング周波数に依存するため，直流コンデンサに比べると小型にできる。

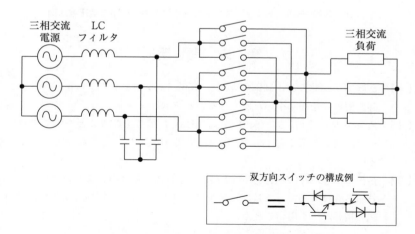

図6.8 三相-三相マトリックスコンバータの回路構成

（**2**）　**動作原理**　九つの双方向スイッチにより，三相入力のうちどれか一つを任意の相から出力することができ，制御の自由度が非常に高いため，ディジタル制御を用いたさまざまな制御方式が提案されている。制御の基本的な方針としては，所望の出力電圧を得ることと，入力電流の力率を1にすることの両立である。ただし，電源短絡と負荷開放を避けるため，各相の三つのスイッチのうち，どれか一つをつねにオンにすることが必要である。ある瞬間に出力する電圧を三相入力のうちから適切な1相を選択し，その出現させる時間を調整することにより平均値として所望の電圧を得ることができる。**図6.9**は1相分の出力電圧のシミュレーション波形例であり，パルスの振幅が入力電圧に従って変化する波形が特徴的である。動作原理の詳細については他書を参照されたい。

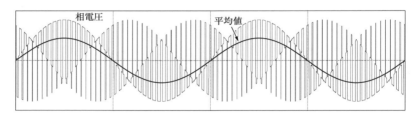

図6.9　三相-三相マトリックスコンバータの1相分の出力電圧波形例

章　末　問　題

【**1**】　負群ブリッジの位相制御角 α_N は，180°（π ラジアン）から正群ブリッジ制御位相角 α を差し引いた値となることを示しなさい。

【**2**】　負荷が R の場合，式 (6.9) が式 (6.5) に等しくなることを示しなさい。また，負荷が L の場合，式 (6.9) が式 (6.7) に等しくなることを示しなさい。

【**3**】　負荷が R の場合の電流実効値 I_{rms} の計算式を導き出しなさい。ただし，実効値の計算にあたっては，正負の位相制御角が等しいとし，0～π までの下記の積分計算を用いるとよい。

$$I_{\mathrm{rms}} = \sqrt{\frac{1}{\pi} \int_0^\pi i^2(\theta)\, d\theta} \quad ただし，\quad \theta = \omega t$$

7. システムとしての
パワーエレクトロニクス

前章までは，ある一つの変換回路のスイッチング素子動作説明が主体であったが，本章では，7.1 節で使用目的に応じ複数の変換回路を組み合わせた装置・システムの例をいくつか示す。7.2〜7.6 節で，変換回路に使われるスイッチングデバイスを実際に動作させるための周辺技術について，代表的なデバイス IGBT を取り上げて説明する。周辺技術としては，IGBT 選定方法を含む回路設計，IGBT を駆動するためのゲート回路，熱設計と冷却，保護回路，制御保護のためのセンサの概要を説明する。7.7，7.8 節で，変換回路の制御理論とソフトウェアを説明し，7.9 節で，実際の装置への応用例をいくつか示す。

7.1 組み合わせた変換回路

7.1.1 間接交流-交流変換

6章では交流-交流直接変換回路を説明したが，交直変換回路を 2 台組み合わせる構成もある。一旦，交流を直流に変換，その直流を交流に再度変換するものである。この構成例を**図 7.1** に示す。

図（a）のように直流回路を設けることにより，直流回路にバッテリーを接続したりすることが可能となる。このような構成をとり，入力の交流系統が停電しても，負荷への交流電力を供給継続可能にしたものが UPS である。また，図（b）で交流系統を連系するような設備もある。いずれも，詳細は，7.9.3 項を参照されたい。

7.1.2 チョッパとインバータの組合せ

太陽光発電の太陽電池の出力電圧の変動が大きいので，安定した交流電圧出

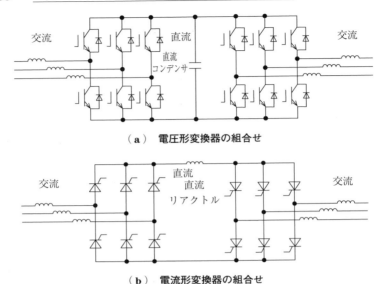

（**a**）　**電圧形変換器の組合せ**

（**b**）　**電流形変換器の組合せ**

図7.1　間接交流‒交流変換の構成例

力を得るため，チョッパにより直流リンク電圧をほぼ一定に保ち，その直流電圧をインバータで交流に変換する構成をとる場合がある。その例を**図7.2**に示す。また，電気二重層コンデンサ（スーパキャパシタとも呼ばれる）でも，直流電圧が50％程度以下になるまで運転し，蓄積エネルギーを最大限取り出すため，このような構成をとる場合がある。また，通常のバッテリーを使用するシステムでも，充電・放電時の電圧変動が大きいバッテリーの場合は，同様の

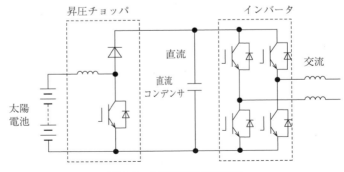

図7.2　太陽光発電の構成例

構成をとることがある。

7.1.3 多重化変換器

　複数の回路を組み合わせて，装置容量を大きくしたり，また，回路間でキャリア信号波をずらしたり，出力位相をずらし，高調波をたがいに打ち消しあう構成とする**多重化変換器**技術もある。多重化変換器の構成例を**図7.3**に示す。図（a）は，変圧器を用いた例であり，変圧器の一次巻線を直列に接続した例である。図（b）は，リアクトルを介して二つのブリッジを並列接続した構成例である[1]。

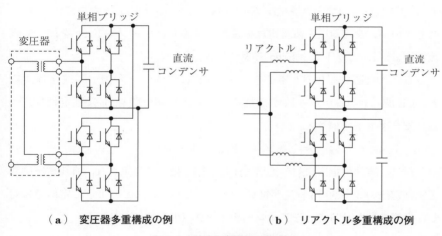

　（**a**）　変圧器多重構成の例　　　　　（**b**）　リアクトル多重構成の例

図7.3　多重化変換器の構成例

7.2　IGBT 回路設計

　前節では，複数の回路から構成される装置例を示したが，7.2〜7.6節ではスイッチング素子を動作させるための周辺技術について説明する。変換回路には，さまざまなスイッチング素子が適用されるが，ここでは最も広く適用されている IGBT 素子を説明する。

7.2.1　IGBT の 選 定

製作すべき装置の電圧・電流仕様を満足するように IGBT を選定する。詳しくは IGBT メーカーのマニュアルなどを参考に選定するのがよい。ここでは，基本的な考え方を説明する。なお，本書で一例として掲載する IGBT などの半導体のデータは，執筆時点のものであくまでも参考であり，実際の装置設計に当たってはメーカーの最新データを確認すること[2)～4)]。

（**1**）　**電 圧 定 格**　　インバータの直流電圧を E，PWM 制御の変調率を a とすると，単相インバータの場合，交流出力電圧ピーク値 V_p は，$V_p = aE$ となる。実効値 V は，$V = aE/\sqrt{2}$ で表される。装置仕様としては，交流電圧 V が与えられるので，直流電圧 E を逆算し，$E = \sqrt{2}\,V/a$ となる。$a = 1$ としてもよいが，交流電圧・直流電圧の変動を考慮し，マージン Ereg を加えて直流電圧は，$E = \sqrt{2}\,V/a + \text{Ereg}$ と表される。

さらに，後述する IGBT 素子スイッチングに伴うサージ電圧 V_s を考慮すると，CE 間には $V_{CE} = E + V_s$ が印加する。素子の電圧定格 V_{CES} 選定には，さらに安全率 α を考慮する。

$$V_{CES} = E + V_s + \alpha = \sqrt{2}\,V/a + \text{Ereg} + V_s + \alpha$$

一般に，実使用電圧に対し定格電圧は余裕を持って選定され，直流電圧は素子定格電圧の 50～60 % 程度が推奨されることが多い。このように定格値に対し，余裕を持たせることを**ディレーティング**（derating）という。

なお，三相インバータの場合，線間電圧ピーク値 V_p' は，$V_p' = \sqrt{3}/2 \cdot aE$ となるなど，変調方式や回路構成により，交流電圧出力と変調率の関係が異なるので，検討対象に合った関係式で検討する必要がある。

（**2**）　**電 流 定 格**　　インバータの交流電流定格を I とすると，電流の基本波ピーク値 I_p は，$I_p = \sqrt{2}\,I$ で表される。インバータが過負荷で運転する場合，その倍率を k とすると，IGBT 電流ピーク値は，$I_p = \sqrt{2}\,I \times k$ となる。これは基本波のピーク値であるが，PWM 制御を行うと，さらにこれにリップル成分が加えられる。その倍率を λ とすると，IGBT の扱う電流のピーク値は，つぎの値になる。

$$I_p = \sqrt{2}\,I \times k \times \lambda$$

この電流値を目安に素子定格電流を選定するが，素子に通電できる電流は，後述するように，素子接合温度 T_j で決定される。素子損失による発熱を効率的に冷却できないと，素子定格電流よりも小さい電流しか流すことができない。素子接合温度 T_j は，通常運転時で最大温度の 20〜30 ℃ 程度低い点での使用が一般的に推奨され，異常時でも IGBT 素子の最大温度以下で使用する。

7.2.2　IGBT の電圧・電流ストレス

（1）　**電圧ストレス**　　IGBT のオフ期間中，CE 間電圧は直流電源電圧 E_d に等しい。オン期間中は，電流やゲート電圧で決まるオン電圧となる。しかし，電流を遮断し，オフ期間に移行する過渡期間には，過渡的な電圧上昇が発生する。

IGBT にかかる電圧波形を検討するには，回路中の浮遊インダクタンスを考慮する必要がある。直流電源から IGBT までの浮遊インダクタンスを考慮した回路図を**図 7.4** に示す。IGBT 電圧波形の概念図を**図 7.5** に示す。図 7.5 はトランジスタのオフ現象の概念を示すものであり，回路実装やスナバ方式などで詳細波形は異なるので，対象にあった解析検討を行う必要がある。

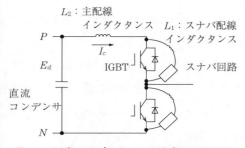

図 7.4　浮遊インダクタンスを考慮した回路図

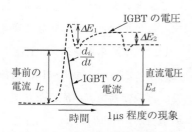

図 7.5　IGBT 電圧波形の概念図

IGBT のオフに伴う過渡サージ電圧抑制には，**スナバ回路**が使用される。スナバ回路はコンデンサなどから構成される。IGBT 直近にコンデンサを含むスナバ回路を配置し，小さい浮遊インダクタンス L_1 でコンデンサを接続するこ

とで，オフ直後の過渡サージ電圧 ΔE_1 を抑制する。その種類と構成は，7.5.2 項で説明する。過渡サージ電圧 ΔE_1 は，つぎの式で表される。

$$\Delta E_1 = L_1(di_1/dt)$$

ここで，L_1 はスナバ回路までの浮遊インダクタンス，di_1/dt は遮断初期の IGBT の電流変化率である。L_1 の大きさは数十 nH 程度，電流変化率は IGBT の特性により異なるが，$1\,000 \sim 10\,000$ A/μs 程度なので，その電圧は，$\Delta E_1 = 10$ nH $\times 1\,000 \sim 10\,000/\mu$s $= 10 \sim 100$ V 程度のオーダーとなる。この電圧は，スナバ回路のインダクタンス L_1 にかかる電圧である。

つぎに，やや緩やかな過渡サージ電圧 ΔE_2 が現れる。これは，主配線の浮遊インダクタンス L_2 に流れる電流 I_c の磁気エネルギーが，スナバコンデンサ C の電界エネルギーに移行して蓄えられる現象と考えられる。この関係はつぎの式で表される。

$$\frac{1}{2}L_2 I_c{}^2 = \frac{1}{2}C\Delta E_2{}^2$$

並列ダイオードのオフ動作でも過渡的にサージ電圧が発生する。ダイオードがオフする際は一旦逆電流が流れ，その逆電流が減少して最終的にゼロになる。その逆電流の変化 di/dt によっても過渡サージ電圧が発生する。その現象については，7.4.2 項に示す。

インダクタンスを小さくする配線方法，スナバの設計については，IGBT のマニュアルなどに詳しいので参照されたい[2]。

（2）　電流ストレス　　IGBT 電流の通常の最大は装置の定格電流に相当する電流であるが，実際には，負荷の変動により装置出力電流が**過負荷**になったり，事故で**過電流**が流れたりする可能性がある。このように装置定格電流以上の電流が，短時間流れる可能性を考慮した設計が必要となる。

・通常電流：インバータの出力電流は正弦波ではなく，**図7.6** に示すようにリップル成分が含まれる。

・過負荷：短時間，連続定格より大きい電流が流れる状態を指す。IGBT モジュールやヒートシンクの熱時定数は秒から分のオーダなので，数秒でも

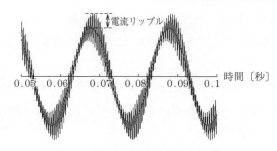

図 7.6　IGBT 変換器の電流リップル

IGBT 接合温度が上昇する。

・過電流：負荷短絡などで数 μs 程度で大電流が流れる高速な現象である。放置すると装置破損などに至る。

　また，IGBT モジュールは，IGBT とその並列ダイオードから構成され，それぞれが電流を流すことに注意する必要がある。直流回路から交流回路へ電力を供給するインバータ運転では，IGBT 側がおもに電流を流す。逆に，交流回路から直流回路に充電するコンバータ運転では，ダイオード側がおもに電流を流すことに注意が必要である。

（3）　安全動作領域　IGBT を適切に使用するためには，（1），（2）で述べたように，電流と電圧ストレスを IGBT の最大定格以下とする必要がある。さらに，IGBT のオンオフ時に過渡的に電流-電圧の描く軌跡が安全動作領域（safe operating area：SOA）の中にある必要がある。安全動作領域は，一般に IGBT の電流・電圧の最大定格で決まる四角形よりも小さい領域となる。その概念図を**図 7.7** に示す。

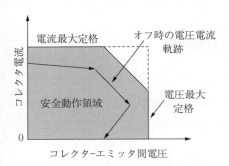

図 7.7　安全動作領域の概念図

　領域が小さくなる理由は，IGBT がオンあるいはオフするときは，半導体チップ内部の電流が短時間局所的に集中し，その部分の温度が上昇する現象があ

るためと考えられている。温度上昇がある閾値を超えると，さらに電流が集中，熱暴走に至り，トランジスタ部が劣化や破損する現象が発生すると考えられている。

また，ダイオードについても安全動作領域があり，注意する必要がある。

実際には，後述のスナバ回路を適切に用いることで，安全動作領域に電流-電圧軌跡が入るようにする。

7.2.3 IGBT 回路設計概要

IGBT 回路の設計にあたっては，さまざまな要素を考慮する必要がある。

装置の電圧や電流の仕様が与えられると，まず，回路構成や回路定数および使用する IGBT を仮に選定する。その条件で，回路シミュレーションなどで電流波形を計算する。つぎに，遮断時の電圧跳ね上がりなどを計算，IGBT 素子にかかる最大電圧を計算する。また，IGBT の損失を計算し，ヒートシンクや IGBT 素子の熱抵抗から，最高の接合温度を計算する。

想定されるすべての運転条件で，最大電圧，最高温度が素子最大定格以下で，また，安全動作領域内にあれば設計は完了する。もし，満足されなければ，回路や実装などを見直し，満足するまで繰り返す。実装設計で決まる要素は推定が難しいので，試作により測定して確認する。

7.3 ゲート駆動回路

本節では，IGBT のゲート回路設計にあたって，IGBT のマニュアルを読むための基礎知識，また，実際の回路の動作測定をする際の注意点などに簡単に触れる。IGBT の詳細なゲート特性や具体的な使用方法は，IGBT メーカーのマニュアルや技術ノートなどを参照されたい[2)~5)]。

7.3.1 ゲート電圧・電流

IGBT 素子の主回路端子コレクタ（C），エミッタ（E）に流れる電流を制御するには，ゲート（G）端子とエミッタ端子との間の電圧，ゲート電圧（V_{GE}）

を制御する。IGBT によって異なるが，オンには +15 V，オフには −5〜−15 V が一般的に使用される。

（1）　IGBT の静電容量　　IGBT の各端子間には静電容量があり，この静電容量に流れる変位電流が，ゲート回路の動作に影響を与える。**図 7.8** にその静電容量を示す。コレクタ–ゲート間帰還容量 C_{CG}，ゲート–エミッタ間容量 C_{GE}，コレクタ–エミッタ間容量 C_{CE} がある。C_{CG} はコレクタ–エミッタ間電圧 V_{CE} に依存する非線形性の強い関数である。その特性例を**図 7.9（a）**に示す。

（2）　IGBT の等価回路　　図 7.8（a）に，ゲート駆動回路と IGBT の等価回路を示す。図 7.8（a）では，ゲート駆動回路は，理想的な矩形波電圧出力回路と，ゲート抵抗 R_g で構成される回路と想定している。IGBT をオンさせるため，矩形波電圧出力回路の電圧が $+V_p$ に変化すると，ゲート抵抗 R_g を通して，電流がゲート回路に流れ，二つの静電容量 C_{CG} と C_{GE} を充電する。

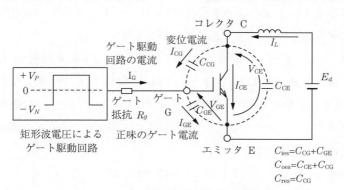

（a）　ゲート駆動回路と IGBT の等価回路

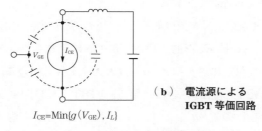

$$I_{CE} = \mathrm{Min}\{g(V_{GE}), I_L\}$$

（b）　電流源による IGBT 等価回路

図 7.8　ゲートに着目した IGBT 等価回路

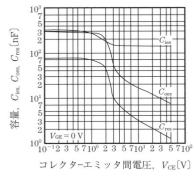

（a） **IGBT 内部の静電容量の電圧依存性**

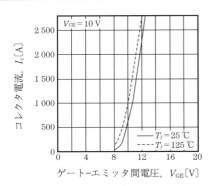

（b） **コレクタ電流のゲート電圧に対する伝達特性**

図7.9 IGBT のさまざまな特性例〔三菱半導体 CM 1400 DU-24 NF データシートより〕

静電容量 C_{GE} の電圧がゲート電圧 V_{GE} となり，この V_{GE} に応じて IGBT の CE 間に流れる電流 I_{CE} が制御される。IGBT が流せる電流 I_{CE} は V_{GE} で制御される関数 $g(V_{GE})$ と考えると動作が理解しやすい。そう考えると等価回路はさらに図7.8（b）のように描くことができる。

図7.9（b）にゲートに関連する特性の例を示す。CE 間電流 I_{CE} は，ゲート電圧 V_{GE} が**しきい電圧** $V_{GE}(th)$（通常 10 V 前後）付近で大きく変化する。数百 A 以上の定格の IGBT の場合，V_{GE} が 1 V 変化すると I_{CE} は数百〜数千 A 程度変化する。この例ではゲート電圧 1 V の変化で約 1 000 A 程度電流が変化する特性となっている。

（3） オ ン 動 作   図7.8 および**図7.10** により，IGBT のオン動作を説明する。実際の電圧・電流波形はさまざまな要因により複雑な波形になるが，図7.10 は説明用に簡略化している。

制御回路からオンの信号を受け取ると，ゲート駆動回路の出力電圧が正の値 V_p になり，ゲート抵抗 R_g を通し静電容量 C_{GE} が充電され，ゲート電圧がしきい電圧 $V_{GE}(th)$ 付近に達すると，I_{CE} は大きく上昇を始める。このとき，外部回路からは IGBT の抵抗が小さく見え，IGBT の CE 間電圧 V_{CE} が低下を始める。V_{CE} の変化 dV_{CE}/dt により，コレクタ-エミッタ間静電容量 C_{CE} の変位電流 I_{CG} が，ゲートからコレクタに向かって流れる。ゲート駆動回路からの

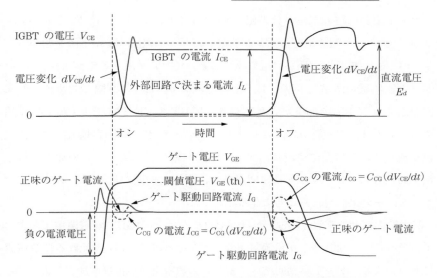

図7.10　ゲート電圧・電流とコレクタ電圧・電流の動きの概念図

電流 I_G の大半がコレクタに流れ，ゲート-エミッタ間静電容量 C_{GE} の充電電流が減少，ゲート電圧 V_{GE} の上昇速度が鈍る。この現象は**ミラー効果**と呼ばれている。

　ゲート抵抗 R_g が小さいと，ゲート駆動回路からの電流 I_G が大きくなり，ゲート電圧 V_{GE} の上昇速度は速く，オン動作は速くなる。逆に，R_g を大きくするとオン動作が遅くなる。

　V_{GE} が十分高くなり，IGBT が流せる電流 $I_{CE}=g(V_{GE})$ が，外部回路で決まる電流 I_L 以上になると，IGBT の分担電圧は理論上はゼロになるが，実際には数 V の飽和オン電圧 V_{CESAT} の電圧降下が残る。この状態では，V_{CE} がほぼ一定となるので，変位電流 I_{CG} はゼロになり，ゲート駆動回路からの電流は再びゲート-エミッタ間静電容量 C_{GE} を充電するようになる。ゲート電圧 V_{GE} の上昇速度が再び速くなり，最終的にゲート駆動回路の出力電圧＋ V_p に等しくなる。

（4）　オフ動作　　再び図7.8および図7.10により，IGBT のオフ動作を説明する。基本的には，オンの場合と逆の動作となる。

　ゲート駆動回路の電圧が負の値$-V_n$になると，ゲート抵抗R_gを通して，ゲート-エミッタ間静電容量C_{GE}が放電し，ゲート電圧V_{GE}が下降を始める。V_{GE}がしきい電圧V_{GE}(th) 付近に達すると，IGBT が流せる電流$I_{CE}=g(V_{GE})$が外部回路電流I_Lを下回り，IGBT が電流を$g(V_{GE})$ に制限し始める。外部回路からは IGBT の抵抗が大きく見え，IGBT の CE 間電圧V_{CE}が上昇を始める。このV_{CE}の変化dV_{CE}/dt により，コレクタ-ゲート間容量C_{CG}に変位電流が流れる。この変位電流は，ゲート駆動回路によるC_{GE}からの放電を打ち消す方向なので，V_{GE}の下降速度が鈍り，平坦な期間が現れる。オフ動作でも，ミラー効果が現れることになる。

　IGBT の流せる電流$g(V_{GE})$ がほぼゼロになると，IGBT が電源電圧をすべて背負うことになりV_{CE}が電源電圧で一定となるので，C_{CG}を流れる変位電流はゼロになる。ゲート駆動回路へC_{GE}からの放電電流が再び増加するのでV_{GE}が下降，最終的にゲート駆動回路の出力電圧$-V_n$に等しくなる。

　実際のオフ現象は，7.2 節で説明したように，上述の動作に加え，過渡サージ電圧が現れる点に注意が必要である。

7.3.2　ゲート回路の要素
ゲート駆動回路は，以下の要素から構成される。

① 制御回路と IGBT 主回路との信号絶縁

② ゲート電源の供給

③ ゲートを駆動する増幅器

（1）　信　号　絶　縁　　制御回路は，マイクロコンピュータおよびゲートアレーなど，5 V，3.3 V などの低電圧で駆動される電子回路で構成され，回路は接地され大地電位の場合がほとんどである。一方，IGBT を含む主回路の電圧は，実験室レベルでは数十～数百 V，高電圧の変換器では数～数十 kV という高い電圧が用いられる。したがって，高い電圧部分と低い電圧部分とを分離するために，信号絶縁が必要である。

（2）　ゲート電源の供給　　（1）で述べたように，IGBT の電位が高く，

変動することから，IGBT のエミッタ端子の電位レベルに電源回路を設け，その電源回路から，信号伝達回路やゲート駆動増幅器に電力を供給する構成がとられる。

（３） **ゲートを駆動するアンプ（増幅器）** IGBT のゲート回路を駆動するアンプ（増幅器）としては，トーテムポール構成のトランジスタあるいは FET が用いられる。フォトカプラなどにより絶縁された信号の電圧は低く，パワーは小さいので，一旦プリアンプで増幅し，IGBT ゲート端子に接続する最終段アンプに与える構成が多く取られる。フォトカプラとプリアンプを一体にした IC が市販されており，適宜採用すればよい。

IGBT ゲート駆動回路の構成例を**図 7.11** に示す。使用する IGBT に適した回路は，IGBT マニュアルやアプリケーションノートに基づいて設計することになる。

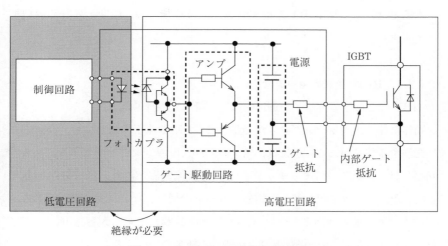

図 7.11 IGBT ゲート駆動回路の構成例

7.3.3 ゲート回路によるオンオフ動作制御

7.3.1 項で述べたように，IGBT のオンオフ過渡特性は，ゲート電圧 V_{GE} の動きにより影響を受ける。これを利用して，例えば，スイッチング時の過渡サ

ージ電圧の制御を行う試みがされることがある。さらに，進んだ活用例としては，IGBT の CE 間電圧 V_{CE} をモニターし，過渡電圧の上昇を抑えるために，ゲート電圧を調整する機能をゲートドライブ回路に付加する技術もあり，アクティブゲートあるいはアクティブクランプと呼ばれることが多い。ただし，過渡サージ電圧を抑制するためには di/dt を緩やかにすることになるので，IGBT の能動動作時間が長くなり，スイッチング損失が増加，発熱が大きくなるので注意が必要である[5]。

また，さまざまな保護回路を組み込んだ IGBT が市販されており，IPM（intelligent power module）などと呼ばれる。例えば，過電流を検出するとゲート電圧を下げて IGBT 電流を絞る機能を備えているものがある[3]~[5]。

7.4　熱　　設　　計

本節では，おもに IGBT の損失計算，その冷却方式，温度上昇計算の概要を説明する。

7.4.1　IGBT 装置の発熱要素

IGBT などの半導体素子が通電中は電圧降下に伴う通電ロス，また，オンオフ動作に伴うスイッチングロスが発生する。IGBT 素子のほかにも，装置内には発熱する部品がある。例えば，スナバ回路，直流コンデンサである。スナバ回路には，IGBT のスイッチングごとに充放電電流が流れ，抵抗分が発熱する。また，直流コンデンサも，電極やリードの抵抗分などによる発熱がある。

ここでは，最も発熱の大きい IGBT の温度計算につき，大容量 IGBT 素子（1 200 V-1 400 A）を一例にとり，熱設計の概要を説明する。

7.4.2　IGBT モジュールの損失

IGBT モジュールの損失を分類したものを図 7.12 に示す。IGBT モジュールにはスイッチング素子の IGBT と並列ダイオードが同梱されているので，両者の損失を考慮する。また，それぞれにつき，電流通電時の電圧降下により

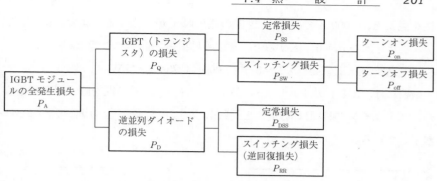

図7.12　IGBT モジュールの損失分類

発生する定常損失，スイッチング動作により発生する損失に分けられる。さらに，IGBT には，オンとオフの二つのスイッチング損失がある。

　以下では説明の簡単化のため，IGBT や並列ダイオード電流のピーク値 I_d，直流電圧は E で一定とし，**図7.13** に示す波形で運転しているものとする。実際のインバータでは，電流は正弦波となり，また，直流電圧も変動する場合があるので，平均電力損失 P は，1 サイクル中の電流や直流電圧の瞬時値を考慮した計算を行う必要がある。詳細については，IGBT メーカーのマニュアルなどを参照されたい[4]。

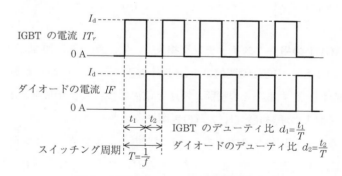

図7.13　IGBT モジュールの運転波形例

（1）　IGBT の損失：定常損失　　IGBT の電流 IT_r に対応する CE 間電圧降下 V_{CE} の積で計算される。十分なオンゲート電圧が与えられると電圧降下が飽和するが，その**飽和電圧** $V_{CE}(\text{sat})$ 特性例を**図7.14** に示す。125 °C での特

性を見ると，1 000 A で 1.75 V 程度の電圧降下が発生する。また，IGBT の
デューティ比を $d_1=0.7$ とすると，その平均損失 P_{ss} は次式で計算される。

$$P_{ss}=d_1\times V_{CE}(sat)\times I_d=0.7\times1\,000\times1.75=1\,225\text{ W}$$

厳密には，IGBT のオンデューティ比はスイッチング時間を除くべきである
が，スイッチング時間は周期 T と比較し小さいとして，上の P_{ss} の計算では
無視している。

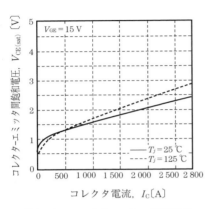

図7.14　コレクタ-エミッタ間飽和
　　電圧 $V_{CE(sat)}$ 特性例〔三菱半導体
　　CM 1400 DU-24 NF データシート
　　より〕

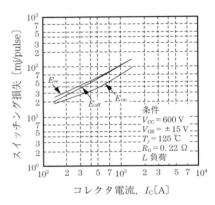

図7.15　スイッチングでのエネルギー
　　損失特性例〔三菱半導体 CM 1400
　　DU-24 NF データシートより〕

（2）　IGBT の損失：スイッチング損失　　7.3 節の図7.10 に示すように，
スイッチのオンオフ時，瞬間的に IGBT は電圧を背負いながら電流を流す動
作（能動動作）をする。その瞬間，電圧と電流の積は大きな値をとる。このス
イッチング損失の理論計算は，2 章の説明を参照されたい。

IGBT のデータシートでは，スイッチング損失全般を E_{sw}，オン時のエネル
ギーを E_{on}，オフ時のエネルギーを E_{off} と呼び，グラフで与えられている。そ
の一例を図7.15 に示す。2 章の説明からも明らかなように，スイッチング損
失は，スイッチング時の電圧と電流の関数である。直流電圧を 600 V，電流を
1 000 A とすると，図7.15 の例では，$E_{on}=0.07$ J（ジュール），$E_{off}=0.10$ J

程度と読み取れる。なお，図中の E_{rr} は（4）で説明するダイオードのオフ損失である。

スイッチングの周波数は $f=1/T$ 〔Hz〕なので，スイッチングによるターンオンとターンオフの平均損失は

$$P_{on}=f \times E_{on}$$

$$P_{off}=f \times E_{off}$$

ここで，スイッチング周波数を $f=2\,000$ Hz とすると

$$P_{on}=2\,000 \times 0.07=140 \text{ W}$$

$$P_{off}=2\,000 \times 0.10=200 \text{ W}$$

となる。

（3）　IGBT 損失のまとめ　　以上の損失を合計し，IGBT の平均損失を得る。

$$P_{Q}=P_{SS}+P_{on}+P_{off}$$

例題の値を代入すると

$$P_{Q}=1\,225 \text{ W}+140 \text{ W}+200 \text{ W}=1\,565 \text{ W} \text{ となる。}$$

（4）　ダイオードの損失　　ダイオードの平均損失もトランジスタと同様，つぎの式で表される。

$$P_{D}=P_{DSS}+P_{RR}$$

ただし，P_{DSS} はダイオードの定常損失，P_{RR} はダイオードのスイッチング損失（逆回復損失）である。

定常損失は

$$P_{DSS}=d_2 \times V_{EC} \times I_d$$

ただし，d_2 はダイオードのデューティ比，V_{EC} はダイオード部の電圧降下である。

図 7.16 にダイオード部の順方向特性例を示す。ここで，直流電流 1 000

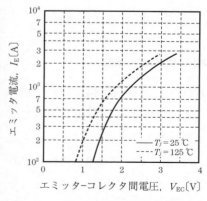

図 7.16　ダイオード部の順方向特性例
〔三菱半導体 CM 1400 DU-24 NF データシートより〕

Aとすると，125℃でのダイオードの電圧降下は1.9V程度となる。ダイオードのデューティ比は0.3なので，この例での定常損失は

$$P_{\text{DSS}}=0.3\times1\,000\times1.9=570\ \text{W}$$

となる。

また，スイッチング損失は

$$P_{\text{RR}}=f\times E_{\text{rr}}$$

ただし，E_{rr} はダイオードがオフするときのエネルギー損失である。

$$E_{\text{rr}}=\int_0^{\Delta t_{\text{DoFF}}}v(t)\cdot i(t)\,dt$$

図7.17 にダイオードのオフ時電圧・電流波形を示す。レグ中の対アームのIGBTのスイッチング，あるいは，外部回路の動作により，ダイオードに逆電圧が印加される場合の現象である。

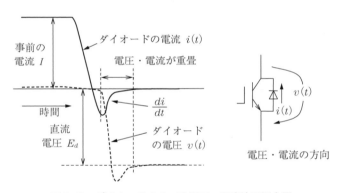

図7.17 ダイオードのオフ時電圧・電流波形概念図

ダイオードの順方向に流れていた電流 $i(t)$ は，外部回路動作により減少し，ゼロ点を通過し逆方向に電流が流れる。この逆電流は，ダイオード内で電流を担うキャリアがすぐには消滅しないため流れる電流である。この電流を逆回復電流という。キャリアが減少し始めると，ダイオードは電流を絞り始める。外部回路から見ると，ダイオードのインピーダンスが大きくなることになるので，ダイオードが電圧を背負うことになる。このときダイオードの電圧と電流が同時に存在することになるので，スイッチング損失 E_{rr} が発生する。

IGBTモジュールのデータシートには，ダイオードのスイッチング損失も，図7.15に示すように記載されている。図7.15から直流電圧600 V，直流電流1 000 Aに対するE_{rr}は，0.10 J程度と読み取れる。また，スイッチング周波数f=2 000 Hzとすると，ターンオフ損失は

$$P_{RR}=2\,000\times0.10=200\ \text{W}$$

となる。したがって，この例でのダイオード損失の合計は

$$P_D=P_{DSS}+P_{RR}=570\ \text{W}+200\ \text{W}=770\ \text{W}$$

となる。

（5）**IGBT モジュールの損失**　IGBTとダイオードの損失の和が，IGBTモジュールの損失となる。ただし，後述のようにモジュール内で，IGBTとダイオードとは構造的に分離されているので，それぞれからヒートシンクまでの熱抵抗が異なるので，温度上昇計算は，個々に行う必要がある。

7.4.3　冷　却　方　式

IGBTは上述のように損失を発生するが，それは熱となってIGBTの温度が上昇することになる。発生した熱を放熱し，IGBTを適切に冷却するため，ヒートシンクにIGBTモジュールの底面を接触させ冷却する構成がとられる。ヒートシンクを冷却する方式には，以下がある。

・自　冷：自然対流により冷却する
・強制風冷：ヒートシンクにファンなどで強制的に風を流し冷却する
・水　冷：ヒートシンクにポンプなどで水を流し冷却する
・ヒートパイプ：ヒートシンクからヒートパイプにより熱流をフィンなどに
　　伝達，フィンは自然対流あるいは強制風冷にて冷却する

IGBT装置では，構成が簡単なことから風冷方式が用いられることが多い。大容量装置で発熱量が大きい場合，あるいは塵埃や塩害などで設置環境が悪い場合は，水冷が用いられる。**図7.18**にIGBTモジュールの冷却方式例を示す。ヒートシンクは熱伝導性の良い銅，アルミニウムなどで作られる。IGBTモジュールとヒートシンクなどからなる構造物を「スタック」と呼ぶことがある。

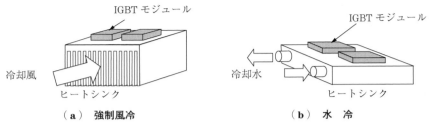

（**a**）　**強制風冷**　　　　　　　　　（**b**）　**水　冷**

図 7.18　IGBT モジュールの冷却方式例

　自冷，風冷は周囲の空気が冷媒となり，その空気に熱を逃がす。IGBT モジュールを搭載したスタックは，装置キュービクル内に設置される場合が多いが，そのキュービクル内の熱をさらに外部に逃がす一番簡単な冷却システムは，**図 7.19**（**a**）に示す開放風冷システムである。外気から隔離して運転するシステムとして，図（**b**）のように，キュービクル内の空気を循環させながら冷却する循環風冷システムがある。風冷の IGBT 装置を室内に設置し，エアコンで室内を冷やす構成は，この循環風冷の一種と考えることができる。

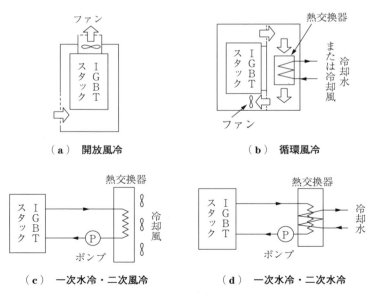

（**a**）　**開放風冷**　　　　　　　　　（**b**）　**循環風冷**

（**c**）　**一次水冷・二次風冷**　　　　　（**d**）　**一次水冷・二次水冷**

図 7.19　代表的な冷却システム

水冷の場合は，ヒートシンクにポンプなどにより冷却水を循環させる。その冷却水を冷却するのに風冷する場合が図（c）で一次水冷・二次風冷システムと呼ばれる。二次冷却が工業用水などの場合を，図（d）で示すが，一次水冷・二次水冷システムと呼ばれる。一般に半導体素子のように発熱体を最初に冷却するものを**一次冷却**，その冷媒をさらに冷却することを**二次冷却**という。

7.4.4　温度上昇計算

冷却を適切に行うためには，IGBT の接合温度を最大値以下に抑える必要がある。一般には，通常の運転で最大値を越えず，余裕を持った設計を行う。

（1）　熱　抵　抗　　IGBT モジュールの発熱要素である IGBT チップあるいはダイオードチップから IGBT ケース，ヒートシンクに至るまでは，電極，絶縁材料などがあり，チップから流れ出す熱に対して抵抗として働く。これは熱抵抗と呼ばれる。

チップが 1 W 発熱したときに，IGBT のケースのベース部分とチップ（接合）との温度差が 1 K あると，熱抵抗は 1℃/W となる。熱抵抗の単位は℃/W あるいは℃/kW で表示される。

さらに，ヒートシンクにも熱抵抗がある。冷却用の風の温度に対し，IGBTのベース部分の温度差を 1 K とすると，ヒートシンクの熱抵抗は，1℃/W ということになる。この温度上昇の関係を等価回路で表したものを**図 7.20** に示す。この図は IGBT チップを例に説明しているが，ダイオードチップについても同様である。

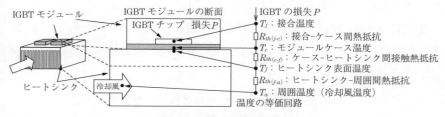

図 7.20　温度上昇の等価回路

（2）　温度上昇計算　　IGBT の接合-ケース間の熱抵抗を $R_{th(j-c)}$, ケース-ヒートシンク間熱抵抗（接触熱抵抗）を $R_{th(c-f)}$, ヒートシンク-冷却媒体（風冷では流入空気温度）間の熱抵抗を $R_{th(f-a)}$, IGBT の損失を P_T, 冷却媒体温度を T_a とすると，IGBT の接合温度 T_j は，次式で計算される。

$$T_j = T_a + P_T \times (R_{th(j-c)} + R_{th(c-f)} + R_{th(f-a)})$$

7.4.2項（3）で計算した IGBT の損失を例に計算する。その例では，損失は 1 565 W であった。**図 7.21** に，例として用いた IGBT の熱抵抗特性を示す。図中，1秒程度以上の長時間で一定となった値が熱抵抗と呼ばれている。IGBT 部の値は 0.014 ℃/W である。

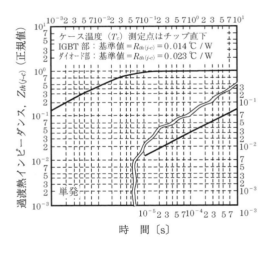

図 7.21　IGBT の過渡熱特性の例
〔三菱半導体 CM 1400 DU-24 NF
データシートより〕

なお，短時間の過渡的な温度上昇特性は，過渡熱抵抗（あるいは過渡熱インピーダンス）と呼ばれるが，これはつぎの項目で説明する。

IGBT の冷却に使用するヒートシンクの熱抵抗を 0.03 ℃/W と仮定する。また，ケース-ヒートシンク間の熱抵抗は，推奨作業条件を満足しているとし，使用素子のデータシートから 0.003 2 ℃/W とする。

ヒートシンクに入る風の温度に対し，接合温度の上昇値は

　　　　1 565 × (0.014 + 0.003 2 + 0.03) ≒ 22 + 5 + 47 = 74 ℃

となる。冷却風の温度を 30 ℃ とすると，接合温度の絶対値は，30 + 74 =

104 °Cと計算される。

　上記は，説明を簡単にするため，IGBT からの放熱ルートと，ダイオードからの放熱ルートに共通部分がないとした。共通部分がある場合については，厳密な計算が必要なので IGBT 使用マニュアルなどを参照されたい。

（3）　過渡熱抵抗（過渡熱インピーダンス）　IGBT を構成するチップやベースなどには，質量と比熱から決まる熱容量があるので，一瞬損失が発生しても，熱容量に応じた速度で温度が上昇する。この過渡的な温度上昇特性を過渡熱抵抗特性と呼ぶ。ヒートシンクも同様，過渡的な温度上昇特性がある。その概念を説明するため，**図 7.22** に，過渡熱抵抗の等価回路を示す。図 7.20 の熱抵抗に，チップ，モジュール，ヒートシンクの熱容量に相当する等価的なコンデンサを加えた回路となる。IGBT チップの損失が変化してもコンデンサがあるために，その温度変化がモジュールケースやヒートシンクに伝わるには，時間がかかることが説明される。

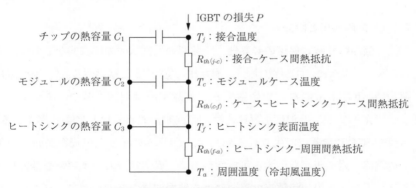

図 7.22　IGBT の過渡熱抵抗の等価回路

　実際の IGBT の過渡熱抵抗特性の一例を図 7.21 に示す。過渡熱抵抗は 1 秒程度経過すると一定値に飽和するが，これが定常状態の熱抵抗となる。

　したがって，短時間のパルス的な使用，間欠的な使用の場合は，定常状態の熱抵抗ではなく，過渡熱インピーダンスを用いて過渡計算を行い，接合温度 T_j を計算する必要がある。過渡熱インピーダンスを用いた計算方法については，各メーカーのマニュアルなどを参照されたい。

7.5　保　護　回　路

「保護」は二つの意味を包含しており，この節では二つを分けて説明する。保護の分類，対象，要因などを**表7.1**に示す。

表7.1　「保護」の意味

保護の意味	内　　容	対象となる現象	対応方法
故障の検出と除去	回路の故障などで起こる異常状態を検出し，安全な状態に移行させる	おもな現象は，つぎのようなものがある ① 過電流 ② 過電圧 ③ 温度上昇	故障検出と故障除去動作を行う回路を設ける
過大ストレスの抑制	通常オフ動作による過渡サージ電圧などで用品に耐量以上のストレスがかからないよう抑制する	おもな対象は，オフ動作時の過渡サージ電圧である	スナバ回路を設け，過渡サージ電圧を抑制する

7.5.1　故障検出と除去

(1)　回路の故障と保護の必要性　　装置の異常状態の代表的なものは，表7.1に示したように，① 過電流，② 過電圧，③ 温度上昇である。① 過電流は負荷短絡，IGBT 故障などで発生する。② 過電圧は制御不調や，電源系統擾乱などで発生する。③ 温度上昇は，冷却の異常，過負荷などにより発生する。

負荷や IGBT 装置に使用される部品は，わずかではあるが確率論的に故障し，過電流・過電圧が発生する可能性がある。異常状態のまま運転を継続した場合は，電源からの故障電流の流入による破損部位の拡大が生じ，好ましくない状況に至る。

具体的な例を挙げると，インバータの負荷が短絡による過電流を放置すると，IGBT が大電流を遮断することになり，遮断時の過渡サージ電圧過大となり素子電圧定格を超過したり，あるいは，温度上昇で IGBT まで故障が波及するおそれがある。したがって，異常を迅速に検出し，故障部位を除去する動作，保護動作が必要となる。

　故障の要因や回路現象の詳細については，IGBTメーカーのマニュアルなどを参照されたい。

　（2）**故障検出の方法**　　過電流の検出には，電流センサとその検出信号から，電流が過大であることを検出する回路が必要である。電流があるレベルを超えると信号を出力するレベル比較器を用い，その信号でIGBTをオフする保護がよく用いられる。その動作速度は高速性が要求される。その回路の例を**図7.23**に示す。過電圧検出も同様，次節で説明する電圧センサにより，直流電圧を検出し，その信号をレベル比較器で監視する。

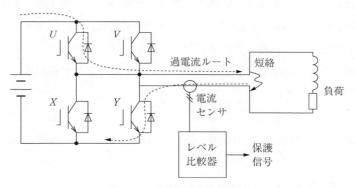

図7.23　過電流検出回路の例

　装置の定格出力よりも若干大きめの負荷電流を流し続けるような状態，過負荷状態ではIGBTの温度が上昇し最大定格を超える可能性がある。その検出は，電流が大きい状態が継続していることを検出する過負荷検出回路が用いられる。また，過負荷によりヒートシンクの温度が高くなることを利用し，次節で説明する温度センサを用いた保護も考えられる。

　（3）**故障除去の方法**　　（2）で過電流や過負荷が検出された場合は，IGBTのゲートにオフ信号を与え，IGBTをブロックする保護連動動作が行われる。検出からブロックまでの動作は，十分速く行う必要がある。過電流と認識したときの電流を I_1，検出遅れやブロック動作の遅れを Δt，その間の電流上昇速度を di/dt とすると，実際にIGBTのゲートがオフする時の電流 I_2 は

$$I_2 = I_1 + \frac{di}{dt}\Delta t$$

となるためである。

　さらに，バックアップとして電源からの事故電流がIGBT装置に流入を継続しないよう，電源とIGBT装置を遮断器を開放して切り離す動作が行われる。故障の種類によっては，故障部位をヒューズで切り離す動作を行う。

7.5.2　過大ストレスの抑制

　オフ時に発生する過渡サージ電圧の初期の上昇分は，スナバ回路で抑制されることは，7.2節に概要を説明した。スナバ回路には，すべての素子に1対1で付ける個別スナバ回路と直流母線間に一括でつける一括スナバ回路がある。スナバ回路などの特徴については，マニュアルや参考文献を参照されたい[6]。

7.6　セ　ン　サ

　この節では，変換器の制御保護に使われるおもなセンサを説明する。

7.6.1　電　流　セ　ン　サ

　インバータの電流制御には，インバータの電流を検出する必要がある。インバータ電圧は，数十〜数百Vである。さらに，電力向け装置では，数百kVになる場合もある。一方，制御装置の電圧は数Vなので，主回路と制御の電子回路との絶縁が必要である。また，主回路電流は数〜数千A程度の大電流である。その電流を直接電子回路には流せないので，電子回路で扱える電圧に変換する必要がある。

　電流センサとしては，ホール効果を利用した**ホールCT**がよく使用される。ホールCTには，ホールセンサが用いられており，**図7.24**（a）に示すように，電流により発生する磁界の大きさで誘起される電圧を利用して電流を検出する。より精密な電流検出の方法として，図（b）に示すように，ホール素子を通る磁束をつねにゼロに打ち消す，磁気平衡方式のCT（ゼロメソッドCTあ

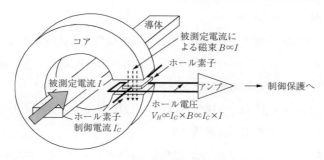

（a） 磁気比例式

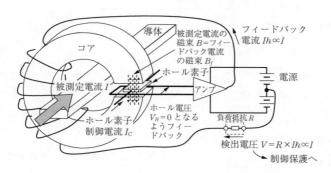

（b） 磁気平衡方式

図 7.24 ホール CT の概要

るいはゼロフラックス（零磁束）CT）がある[7]。

　交流電流を検出するためには，交流 CT が用いられる。交流 CT は，コアと巻線から構成される。交流 CT に直流電流成分が流れた場合，直流電流成分による磁束は変化しないので，二次側に直流電流成分は伝達されず，定常状態では直流電流成分は検出できない。交流 CT は，定電流回路の特性があり，二次側を開放すると非常に高い電圧が発生するので，開放してはならない。高い電圧により端子間の絶縁が破壊され，さらには発煙や発火に至る場合がある。

　小電流・低電圧の回路では，シャント抵抗器に被測定電流を流し，シャント抵抗器電圧を絶縁アンプにより絶縁して測定する方法がとられることがある。

7.6.2 電 圧 セ ン サ

インバータの直流電圧制御には，直流電圧を検出する必要がある。電子回路の電圧数 V に適した電圧レベルに変換するための分圧器と，主回路と電子回路の電位を絶縁するための**絶縁アンプ**から構成されることが多い。

分圧器はおもに抵抗器から構成される。過渡応答を向上させるため，抵抗器と並列にコンデンサを用いる構成もある。

分圧器を用いても，その出力が大地から浮いているので，注意が必要である。絶縁アンプの電位を大地電位とするための方法としては，二つの分圧器を用いる方法がある。二つの分圧器の一端を接地し，分圧器の低電圧側端子の二つの電圧の差を用いる構成を**図 7.25** に示す。

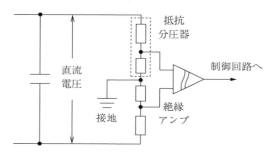

図 7.25　直流電圧センサの構成

交流電圧検出には，PT が用いられる。PT はコアと巻線からなる変圧器の一種である。定電圧源に近い特性があり，制御回路が PT から引き出す電流（負担）が変化しても，電圧は変化しないように設計・製作されている。通常の変圧器の場合は，流れる電流が大きくなると電圧が低下するレギュレーション特性があるので，電圧検出器として使用する場合は注意が必要である。交流 PT は定電圧特性があり，交流CT とは逆に，短絡してはならない。短絡すると大電流が流れ，発火・発煙に至るおそれがある。

7.6.3 温 度 セ ン サ

IGBT の過負荷を保護する方法として，ヒートシンクの温度を検出する方法がとられることがある。そのための温度センサとして，一番簡単なものが**サーモスタット**である。ある決められた温度になると，バイメタルなどが動作し接点が閉じたり開放したりする原理のものである。接点が動作すると，インバー

タを停止し保護を行う。サーモスタットの例を**図7.26**に示す。取付け穴にネ
ジを通し，ヒートシンクに取付けヒートシンクの温度を監視する。

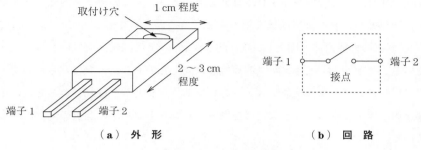

（a）外　形　　　　　　　　　　（b）回　路

図7.26　サーモスタットの例

　温度測定のセンサの一つとして，熱電対がある。熱電対は異なる金属が接触
して発生する電圧が，温度依存性を有することを利用するものである。**サーミ
スタ**は金属や半導体の抵抗が温度依存性を有することを利用するものである。
いずれも電子回路で電圧や抵抗値を測定し，温度を推定するものである。冷却
に使用する空気の温度制御，冷却水の温度制御に使用されることがある。それ
以外に，光ファイバの温度特性を利用した温度センサもある。光ファイバの絶
縁性を利用して，高電圧部位の温度を測定するために使用されることがある。

7.7　制御回路（コントローラ）と開発環境

7.7.1　パワーエレクトロニクス用コントローラ

　電力変換器の制御手法は，まず大きくアナログ制御とディジタル制御に分か
れ，ディジタル制御の実現においては，制御コントローラの演算素子として，
DSP（digital signal processor）に代表される高速な演算が可能なマイクロコ
ントローラを用いることが一般的となっている。これに対して**FPGA**（field
programmable gate array）のようなユーザ側でハードウェアロジックの書き
込みが可能な半導体デバイスの性能向上（ゲート数，速度）により，制御演算
自体をFPGAに組み込むことが可能となってきた。FPGAでは，演算回路が
ハードウェアで構成されるため，並列演算処理が容易に実現でき，DSPと比

較して非常に高速な演算処理が可能となる。これにより，従来実現できなかった制御手法が各種実現されてきている[8]。また，FPGA の中に，アルテラ社の Nios CPU のような**ソフト CPU コア**を組み込み，一つのチップ内でソフトウェア演算とハードウェア演算を組み合わせることも可能となっている。また，CPU コアの性能自体も向上し，DSP 的な演算コアが組み込めるようになってきている。DSP においても，年々演算性能は向上しており，一概にどちらの素子がパワーエレクトロニクスシステムのコントローラとして優れているとはいえないが，以下に示したような特徴を考慮し，コントローラの選択の幅は広がっている。

- DSP はプログラムをシーケンシャルに処理するため，ソフト量に比例して演算時間は増加する。FPGA では，演算回路を並列化することで，演算量と速度は一概に比例はしない。
- ソフトウェア的演算処理量が多い場合，FPGA のゲート数制限内に演算回路が収まるなら，パフォーマンスは FPGA のほうが圧倒的に速い。
- 装置に依存した特殊用途回路が必要なものは，DSP が持つメーカー固有の機能で合わせ込むより，FPGA にその機能を実装したほうが，設計自由度が高い。
- 演算速度のみで見れば，高クロックの DSP を適用することで，対象システムに対して十分速い演算が実現可能である場合も多い。
- 近年，MMC の研究，実用化が進んでおり，その実装においては非常に多数のゲート指令出力がコントローラに要求されるようになった。これを実現するために MMC のコントローラにおいては，制御出力部に FPGA を用いることが必須となっている。ただし，制御演算は DSP を用いたものが多く，DSP と FPGA を組み合わせたコントローラが使われている。

これらの特性の差はあるものの，本質的に DSP の演算処理はシーケンシャルであり，ソフトウェアの規模が大きくなればなるほど，演算時間が増加することには変わりはない。一方 FPGA で演算回路を構成した場合には，すべての回路が並列で処理されるため，逐次各制御演算が処理されていくことにな

る。変換器制御では，ゲート制御が最終的な変換器に対する制御対象となるので，逐次演算を意識できる FPGA を用いたコントローラのほうがより細かい制御手法を実現でき，有利であると考えられる。ただし，システム全体のシーケンス制御などの部分は，処理自体もシーケンシャルであるため，DSP やCPU での実装が適しており，その住み分けが進んでいる。商用ベースの UPSにおいても，DSP と FPGA を組み合わせたシステムが出てきている（後述図7.30）。この例では高速応答性を求められる電流制御部のみの実装だが，今後技術的にみれば，パワーエレクトロニクスシステムの制御部は，FPGA への実装へシフトしていくものと思われる。

　一方，パワーエレクトロニクスシステムは，産業基盤としての電源システムを中心として製品化されるものであるため，各製品に対するコストターゲットは基本的に厳しい。そのためコントローラの高性能化によって製品の高性能化が図れることがわかっていたとしても，製品コストの制約から制御性の劣化に目をつぶって，ぎりぎり仕様を満たすコントローラを採用するケースは多々ある。この観点は製品設計において非常に重要であり，コストも含めたシステムトータルとしての最適設計が要求される。また対象となる製品が，汎用品（大量生産品）であるのか，少量生産・高付加価値品であるのかによって，当然その考え方は大きく違ってくる。品質の面から見れば，「絶対に壊れないように設計する」ものと，「ある確率で壊れてもいいから，安く作る」ものとでも，その設計思想の違いは大きくなる。特に電源システムというのは，一般の家電製品に比べて長い期間使用される場合が多く，30 年以上使い続けるようなケースもまれではない。しかし，設計・製造時点で使用している IC と同じものが30 年後に製造されている可能性は非常に低いので，故障時の予備部品のことも含めて，システムの設計を考える必要がある。

7.7.2　コントローラの構成

　主だったパワーエレクトロニクスコントローラの構成例を示す（**図 7.27**）。

（**1**）　**汎用 CPU を用いたもの**　　パソコン用の最新の CPU は高クロック

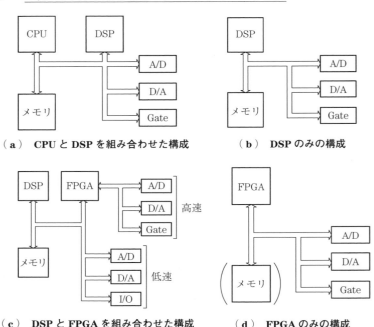

（a） **CPU と DSP を組み合わせた構成**   （b） **DSP のみの構成**

（c） **DSP と FPGA を組み合わせた構成**   （d） **FPGA のみの構成**

図7.27 パワーエレクトロニクスコントローラのシステム構成例

で消費電力も大きいため，パワーエレクトロニクス向きではなく，電源システムに採用した際の安定した動作実績も求められるため，2世代程度昔の CPU が用いられている場合が多い。それほど演算速度を要求されない用途や，シーケンス制御・通信処理などを行うために，DSP などの演算専用チップと併用される場合もある。

（2） **マイクロプロセッサ**（専用マイコン）   SH マイコンシリーズの低コスト版などの，オールインワンタイプのコントローラを用いたもの。一般産業用の低コストが要求される分野の製品に多く使われている。数量的には一番多く使われている。制御性とコストとのトレードオフで，仕様にぎりぎり入るように製品を作りこむような使い方が多い。

（3） **DSP**（digital signal processor）   携帯電話などの普及により，DSP のバリエーションは，GHz クロックの超高速演算能力を持つものから，

低コストのものまで，非常に幅広くなった。また，パワーエレクトロニクス専用のロジック（PWM 回路など）を組み込んだ製品も各社提供しており，電源制御への DSP の採用は多くなってきている。しかし PWM 回路などはあくまで，DSP のメーカーごとに汎用性を持たせた回路であるため，DSP を用いて制御回路を設計する側が，各製品で要求される細かい PWM 制御などに適合させられるかどうかがポイントとなる。

表 7.2 パワーエレクトロニクスコントローラに用いられる開発言語と特徴

開発言語	特 徴	対象プロセッサ
アセンブラ	種々のプロセッサそれぞれの機能に対応したアセンブラがあり，動作の細かい部分まで厳密に指定できる。汎用性・開発効率は低く，記述方法もプロセッサごとに違うが，生成されるコードはコンパクトになる。コードのオーバーヘッドをなくして演算速度を高速化したい場合にも使用される。	CPU，DSP，マイクロプロセッサ
C	多くの分野で幅広く利用されており，複数のシステムに移植されている。汎用性・開発効率は高い。	CPU，DSP，マイクロプロセッサ
HDL	hardware description language（ハードウェア記述言語）の略。ディジタル回路としての電子回路をソフトウェア的に記述するために作成された言語。回路記述言語としての汎用性は高いが，開発効率は低い。ただしメーカーが GUI ベースの開発環境を用意している場合もあり，状態遷移図を記述して，実効コードを生成することも可能となっている。VHDL と verilogHDL が広く用いられている。	FPGA
MATLAB/ simulink	数値解析ソフトをベースとして，多数の Toolbox の実装により，幅広いシステムに適用可能な開発プラットフォームとなっている。制御演算ブロックを C 言語，Java，Phython，VHDL に変換可能であり，開発効率を高めることが可能である。	CPU，DSP，FPGA
System C	C 言語にハードウェア記述機能を付加して開発された言語系。コンパイルにより HDL 言語に変換が可能である。	CPU，FPGA
回路シンボルによる制御ソフト設計	GUI ベースの開発環境で，演算ロジックをシンボル化して，制御ブロック図をシンボル間の配線により記述する開発環境。その図面自体をコンパイルすることで，ターゲットプロセッサの実行コードを生成する。開発効率が高く，ソフトウェアとしての可読性・汎用性に優れている。コード生成効率は低い。	CPU，DSP，マイクロプロセッサ，FPGA

（4）**FPGA**（field programmable gate array）　近年の急速な1チップ当りのFPGAのゲート数増加に伴い，一般的なパワーエレクトロニクス用制御ロジックは，技術的にはすべて1チップのFPGA内に組み込める。ハードロジックのみで制御回路を構成してもよいし，FPGA内にソフトウェアCPUコアを組み込むことにより，シーケンス処理をソフトウェアで実行し，高速応答性が要求される電力制御部分をハードウェアにより実装することも可能である。コストに関しても，チップ価格は急速に下がる傾向にあるため，今後パワーエレクトロニクス機器のコントローラとして，採用が拡大していくと考えられる。

7.7.3　ソフトウェア開発環境

制御システムを開発するうえで，制御ソフトを開発する環境も重要である。開発言語（環境）として主だったものと特徴を前頁の**表7.2**に示す。

7.8　制御理論および制御アルゴリズム（制御手法）

7.8.1　制 御 の 区 分

パワーエレクトロニクス装置を制御する場合に，制御の対象として，大きくは以下の二つに分けられる。

・波形制御（電圧・電流・電力）
・シーケンス制御（動作モード，保護，上位との通信など）

この場合，波形制御は，その機器の基本特性を決定することになり，シーケンス制御は製品としての保護機能，使い勝手，通信などを請け負う。実際の製品のソフトウェアの場合，保護機能などを厳密に実装するため，比較的シーケンス制御のソフトウェア量が大きくなる。

7.8.2　制御理論と制御手法

図7.28にパワーエレクトロニクス装置の一般的な制御ブロック図を示す。制御対象となる電圧・電流・電力に対して，フィードバックをかけ指令値に

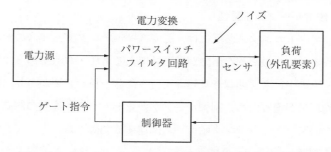

図7.28　パワーエレクトロニクス機器制御システムの基本構成

追従させることが基本となる。パワー回路に対して負荷変動などの外乱が入り，フィードバック信号に対して測定ノイズが乗ってくる。その条件下でいかに安定なシステムを設計するかがポイントとなる。また，フィードバックする信号の対象はひとつとは限らず，多重のループ系になることが多い。対象となる装置によって制御手法はさまざまであるが，そこに適用される制御理論は大別すると以下となる。

（1）**古典制御をベースとしたPI制御**　　設計のしやすさ，現場での調整のしやすさ（直感的なパラメータ調整）とメーカーごとのノウハウの蓄積などにより，現在でも幅広くPI制御が用いられている。アナログ回路によるコントローラではもちろんのこと，ディジタル制御回路を使っていても，離散化したPI演算により制御を行っている製品は非常に多い。

（2）**現代制御理論に基づいたディジタル制御**　　マイクロコントローラの発展により1980年代以降現代制御理論に基づいた制御コントローラの実装が可能となり，パワーエレクトロニクス装置の制御に関しても飛躍的な発展が起こった。デッドビート制御などに代表される，対象となるシステムの厳密な離散モデルを作成し，そのモデルに対して**ディジタル制御**系を設計する状態フィードバック制御が用いられる[8]。

　この2点の手法は，アナログ制御とディジタル制御といい換えることもできる。ディジタルコントローラでPI演算を行っているのは，エンジニアの意識的にはアナログ制御の延長として設計している場合が多い。

7.8.3　制御ループの多重性

　パワーエレクトロニクス装置には，必ずスイッチングデバイスのオンオフ動作が含まれるため，最終的な出力が線形性である電圧・電流であっても，制御コントローラの中に必ず非線形な処理を行う部分を持つ必要があり，制御ループの扱う物理量が違うため，制御ループが多重形となり，複数の制御則が併用される。主回路（スイッチング動作）に関連する制御則は

- ・PWM 制御
- ・ヒステリシス制御
- ・階調制御

が挙げられ，フィードバックにかかわる制御則としては

- ・P，PI，PID 制御
- ・二相/三相変換，回転座標変換
- ・空間ベクトル制御
- ・状態フィードバック制御
- ・ロバスト制御（外乱推定制御）
- ・非線形制御（スライディングモード，ファジィ，ニューロ）

が挙げられる。これらについての詳細は文献[9] を参照されたい。

7.9　応　　用　　例

7.9.1　UPS

　UPS（無停電電源装置）は情報化社会の発展により，電源の品質保証を行うパワーエレクトロニクス装置として必要不可欠のものとなっている。UPSシステムにおける制御構成事例を図 7.29 に示した。

　現在主流の PWM 制御は，長年三角波比較をベースとするキャリア周波数一定制御とアナログ制御との組合せ，またはディジタル PI 制御との組合せが行われてきたが，FPGA の進歩により，最適空間ベクトル選択による PWM や，図 7.29 に示すような各相ごとのスイッチングを自在に管理できる**ヒステリシスコンパレータ方式**などが実用化されている[10]。

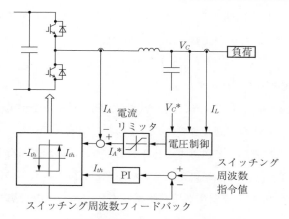

（V_C^*：出力電圧指令，I_A^*：インバータ電流指令）

図 7.29　UPS システムにおける制御構成例[10]

この方式を実現するために，**図 7.30** に示すような DSP と FPGA を組み合わせた制御回路構成とし，特に高速性能が要求される部分に FPGA と高速 A/D コンバータを適用することで高速な実時間フィードバック制御を実現している。

それ以外にも，非線形負荷に対する特性改善を目的として，繰返し制御がよ

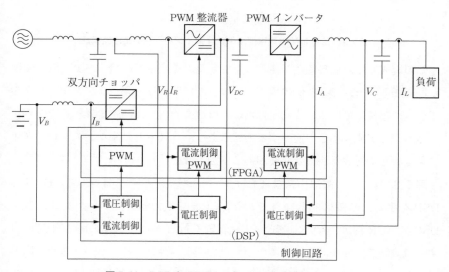

図 7.30　DSP と FPGA による UPS 制御システム

く用いられる。また階調制御インバータによる完全フィルタレスの変換器の提案も行われており，今後の発展が注目される[11]。

7.9.2　系統連系インバータ

地球環境意識の高まりにより，風力発電，太陽光発電，燃料電池発電などの分散電源に対する関心が高まっている。これらの装置はどれも，一度発電した電力を一般系統に連系して送電する必要があるため，系統連系機能を持つインバータ装置が必須となる。系統連系インバータの制御システムの代表的な例として図 7.31 に 200 kW 燃料電池用系統連系インバータの主回路構成を示す。

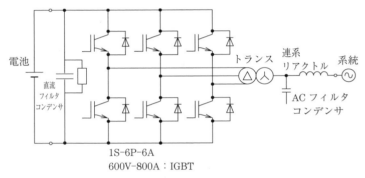

図 7.31　200 kW 燃料電池用系統連系インバータの主回路構成

この構成では，燃料電池が発電した直流電力を直接インバータで交流に変換し，昇圧トランスで系統側の電圧レベルまで持ち上げ，連系リアクトルを介して系統に接続している。これとは別に，直流をチョッパ回路で昇圧してからインバータで交流変換して連系する方式もあり，コストと効率などのトレードオフを検討して方式を決める必要がある（**図 7.32**）。

　図 7.33 は，燃料電池用系統連系インバータの制御構成例である。CPU とDSP を用いた制御構成となっており，CPU で電力制御，シーケンス制御，DSP で ACR 制御，AVR 制御，PLL 制御を行っている。連系時の外乱に対する電流制御特性を向上させるため，電力制御以外に，インバータ電流と出力電流をそれぞれフィードバックすることで，3 重ループ系の構成としている[12]。

（a） 1 MW 燃料電池システム　　　（b） 200 kW 燃料電池用
　　　　　　　　　　　　　　　　　　　　　　インバータ

図 7.32　オンサイト型燃料電池システム
〔写真提供：東芝燃料電池システム(株)〕

7.9.3　周 波 数 変 換

（1）　二つの周波数　　日本の電力系統では，二つの周波数が使われている。東日本では 50 Hz，西日本では 60 Hz に統一されている。交流発電機が発明された時点では，50，60 Hz 以外にもさまざまな周波数が使われた。現在でも，北米では 25 Hz，ヨーロッパでは 16・2/3 Hz などが使われているところがある。日本への交流発電が導入された当初は，それぞれの企業がそれぞれ設備を作り発電しており，周波数は統一されていなかった。その後，電力の広域運用の必要性が認識され，周波数の統一が図られ現在に至っている。現在でも，一部の大規模な工場では，周囲は 50 Hz だが工場の一部は 60 Hz という例も見られる。その逆の場合もある。

（2）　電力系統用周波数変換設備　　50，60 Hz 系統相互間で電力支援や経済運用などで電力を融通するため，静止形周波数変換設備が活躍している。国内には，5 か所の設備がある（**表 7.3**）。

周波数変換設備は，サイリスタブリッジの直流出力を直列接続した**12 パルス変換器**を，直流リアクトルで接続した構成である。直流送電設備の主要機器

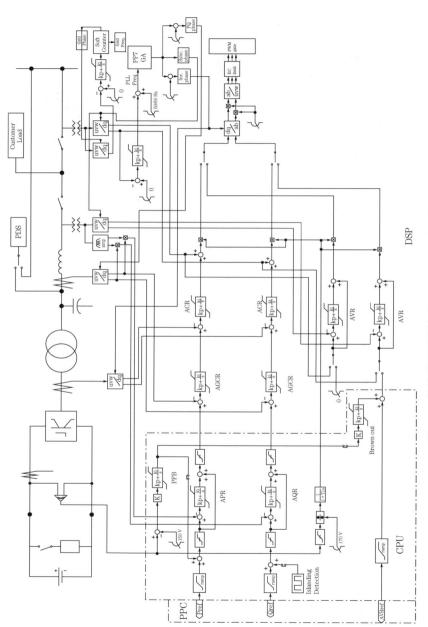

図 7.33 燃料電池用系統連系インバータの制御構成例

表7.3 日本の周波数変換設備

設備名	定 格	備 考
新信濃1号FC	300 MW 125 kV-2400 A (2009年リプレース後の定格)	光直接点弧サイリスタ
新信濃2号FC	300 MW 125 kV-2400 A	光直接点弧サイリスタ
佐久間FC	300 MW 125 kV-2400 A	光直接点弧サイリスタ
東清水FC	300 MW 125 kV-2400 A	光直接点弧サイリスタ
飛驒信濃直流幹線	900 MW ±200 kV-2250 A 双極構成	光直接点弧サイリスタ 直流送電線あり

と各部の電圧電流波形を**図7.34**に示す。変換器は，サイリスタ素子を多数直列接続した**サイリスタバルブ**から構成される。変換器は変圧器を介し，交流系統に接続される。交流母線には，変換器から出力される高調波電流を吸収する交流フィルタ，変換器の無効電力を補償する調相設備が接続している。また，変換器は，直流回路に直流リアクトルを通して接続される。直流送電線のある設備では直流送電線への流出高調波電流抑制のため，直流フィルタが設けられている。

　直流送電設備には，制御保護のための検出器が設けられており，通常の交流CT，PTに加え，直流電流検出のためのDC-CT，直流電圧検出のためのDC-PTがある。

　図7.34により60 Hzから50 Hzに電力を送電する場合の動作を説明する。まず，60 Hz系統に接続するサイリスタ変換器により，交流電力が直流電力に変換される。図7.34には，周波数変換設備の各所の概略波形が併せて示されている。50 Hz系統に接続する変換器は，直流電流を交流三相に振り分ける操作を行う。相間での電流の切替えは，交流系統電圧による転流という現象を利用して行われる。

　周波数変換装置の電力制御は，電力を受電する側で直流電圧を一定に制御し，送電する側で直流電流の大きさを制御して行われる。

　なお，12パルス変換器からの高調波を低減するため，交流フィルタが設置される。交流フィルタは，変換器からの無効電力成分もあわせて補償する。さらに，コンデンサやリアクトルなどの調相設備の入り切り制御により，全体と

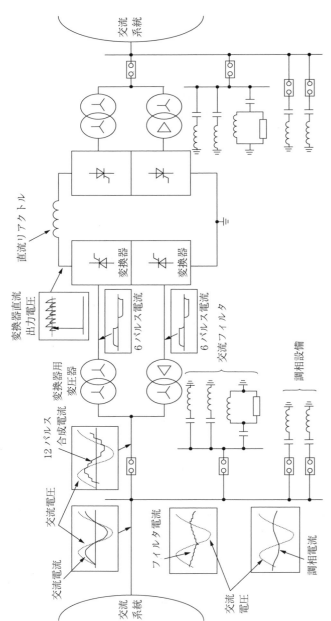

図 7.34 直流送電設備の主要機器と各部の電圧電流波形

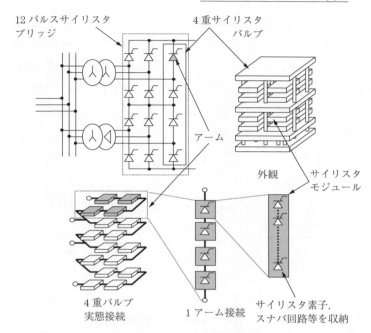

12パルスサイリスタ
ブリッジ

4重サイリスタ
バルブ

アーム

外観

サイリスタ
モジュール

4重バルブ
実態接続

1アーム接続

サイリスタ素子,
スナバ回路等を収納

図7.35 サイリスタ変換器の構成例

**図7.36 新信濃2号周波数変
換設備のサイリスタバルブ**
〔写真提供:東京電力(株)〕

して力率が1に近くなるように制御される。

　変換器の容量は,非常に大きいため,サイリ
スタを多数直列に接続して構成される。製作性
の観点から,サイリスタを数個搭載したサイリ
スタモジュールをまず製作し,それを直列に配
置してサイリスタバルブを構成する。高電圧装
置になるので,絶縁の観点から,サイリスタバ
ルブの構成は,12パルスブリッジの縦四つの
アームを含むように構成される。これを4重バ
ルブと呼ぶ。サイリスタ変換器の構成例を**図
7.35**に,実際の装置の写真を**図7.36**に示す。

7.9.4   MMC変換器を用いた直流送電

　直流送電の新しい技術として，MMC変換器を用いた新北海道本州連系設備を紹介する。図7.37に示すように，2台のMMC変換器を直流送電線（架空線とケーブル）で接続した構成である。図7.38に示すように，変換器は多数のチョッパセル（図中に「C」と表示）を高電圧絶縁，機械強度，冷却を考慮した構造物（バルブ）に収納して構成されている[14]。

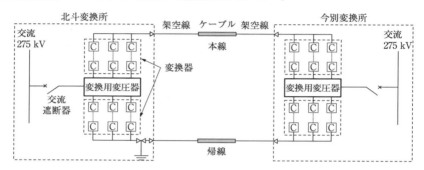

図7.37　新北海道本州連系設備の構成概要

　MMC変換器は，正弦波電圧出力で無効電力調整が可能な自励式変換器なので，交流フィルタ・調相設備は不要または小容量である。新北海道本州連系設備では，有効電力300 MWの送電を行うと同時に，100 Mvarの無効電力を出力できるMMC変換器を用いている。このような特長があるため，変換器が接続する交流送電

図7.38　MMC変換器外観
〔写真提供：北海道電力ネットワーク（株）〕
〈画像の転載・二次利用は禁止〉

システムの安定運用にメリットがある。さらに，自励式変換器を用いた直流送電の特長として，連系する一方の電力系統の電源が喪失（ブラックアウト）した際に，もう一方の系統から電力を融通して電力供給を再開するブラックスタートが可能である。新北海道本州連系設備では，このブラックスタート機能

を，実際の交流系統を用いて検証した[15]。

7.9.5 プリウスや e-POWER などの電動車両

（1） 電動車の駆動系　　電動モータを用いて駆動する自動車の歴史は古く，ガソリン自動車の誕生よりも前，1800 年代後半に電気自動車が開発され，1900 年代初頭には多くの電気自動車が実用化されていた。近年では環境問題に対して，自動車の駆動系（パワートレイン）の効率向上のためにエンジンと電動モータを持つ**ハイブリッド電気自動車**（HEV）が広く普及し，純粋な**電気自動車**（EV）の普及も本格化している。モータ，バッテリー，パワーエレクトロニクスの進化が，電動パワートレインの効率向上と部品の小型化を実現し，車両への搭載性を向上させるとともに HEV や EV などさまざまな種類の電動車の低コスト化と普及に貢献している。

　電動車の駆動系はエネルギーを蓄えるバッテリー，駆動用の電動モータと，モータを駆動するインバータがおもな構成部品である。永久磁石型同期モータが小型であり高効率であるという点から広く用いられており，ほかには誘導モータや巻線界磁型同期モータを用いた EV も普及している。

　ガソリンエンジンやディーゼルエンジンを搭載する HEV では，エンジンの出力とモータの出力が車輪に対して並列に接続される。どちらでも駆動できる構成のことを**パラレル HEV** と呼び，エンジン出力が電力に変換され，その電力でモータを駆動する出力が直列に変換される構成のことを**シリーズ HEV** と呼ぶ。パラレル HEV ではエンジンで直接駆動することもできるが，シリーズ HEV ではエンジンは発電のみに用いられ，モータのみで駆動する構成となる。また，その両方の機能を併せ持つ**シリーズ・パラレル HEV** の構成もある。

　表 7.4 に電動車の駆動系について，バッテリーへの外部充電の有無，車輪をモータのみで駆動するかエンジンでも駆動できるかで分類したものを示す[16]。外部充電を行う EV とプラグイン HEV では商用電源からバッテリーを充電するための車載充電器を持ち，外部設備としての急速充電器から直流でバッテリ

表7.4　電動車の駆動系の種類

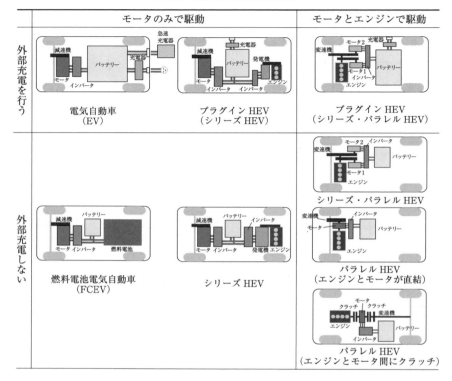

ーを充電する機能を持つものもある。HEV で外部充電が可能なプラグイン
HEV は，HEV よりも大きな容量のバッテリーを持ち，充電したエネルギー
で EV 走行が可能な距離を HEV よりも大幅に伸ばしている。一方で，外部充
電をしない構成としては，前述の HEV としてシリーズ HEV，パラレル
HEV，シリーズ・パラレル HEV の構成がいずれも普及しており，燃料電池
で発電した電力で駆動する燃料電池電気自動車（FCEV）も実用化されてい
る。構成車両の大きさ，使われ方，搭載性やコストなどの制約条件などによ
り，電動モータとエンジンのさまざまな最適な組合せ，さまざまな電動車の駆
動系が開発されている。

（2） EV の構成

a） EV のパワートレイン：EV の電動パワートレインは，バッテリーとその車載充電器，駆動モータとそのインバータのほか，高電圧のバッテリーから 12 V の補機類へ電力を供給するための DC-DC コンバータ，エアコンやヒータなどが高電圧部品として搭載されている（**図 7.39**）。

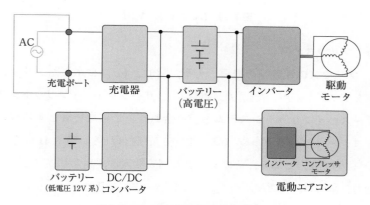

図 7.39　EV の高電圧システム構成

高電圧回路は安全のため，導電部位に直接触れることはできない構造となっていることに加え，高電圧回路と低電圧回路は DC-DC コンバータのトランスを介して絶縁されている。加速時には，ドライバーのアクセルペダルの踏み込みに基づいてモータのトルク指令が生成され，その電流制御によってモータトルクが実現されている。また，減速時にモータを発電機として作用することで，運動エネルギーを再び電気エネルギーに変換するエネルギー回生によってバッテリーを充電することができる。

b） EV の充電と V2L・V2H：EV の充電は，商用電源を利用した普通充電（〜3 kW，6 kW クラス）と急速充電（〜50 kW，100 kW クラス）がある。このほかに，車両から外部へ給電する機能として **V2L**（vehicle to load）や **V2H**（vehicle to home）などのデバイスもあり，V2L では屋外での電気製品への電力供給などに用いられ，V2H は双方向の充電器として，EV の充電と家屋への電力供給の機能を実現している（**図 7.40**）。

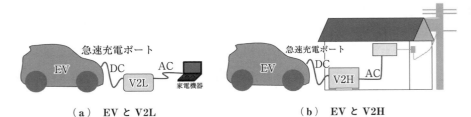

|（a）　EV と V2L|（b）　EV と V2H|

図7.40　EV と V2L，V2H

（3）　プリウスの例

a）　プリウスの駆動系の概要：1章，図1.2（b）に示したプリウスは，プラネタリギアを応用した動力分割機構により**パラレルハイブリッドシステム**と**シリーズハイブリッドシステム**を組み合わせたことを特徴とする構成をとり，トヨタハイブリッドシステム（THS）と呼ばれる。**図7.41**は，2003年モデル（THS II）であり，そのシステム構成要素は，高効率ガソリンエンジン，動力分割機構，発電機，モータ，インバータ，昇圧コンバータ，ニッケル水素電池，およびこれらを協調制御するシステム制御装置からなる。

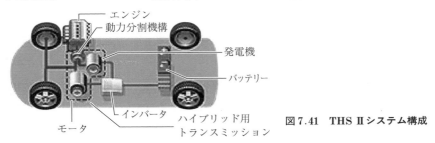

図7.41　THS II システム構成

以下のように，プラネタリギアを用いてエンジン，モータ，発電機を統合制御することにより，エンジンの高効率運転と無段変速機能を実現する。

・停車時はエンジン停止，発進と軽負荷走行時はモータのみによる EV 走行となる。

・加速時は発電機をスタータとしてエンジンを始動。エンジン出力はプラネタリギアにより直接駆動力とモータへ電力供給するための発電機駆動力とに分割される。

- 急加速時には発電電力に加え，バッテリーからの電力も用いてモータ駆動力をアシストする。
- 定常走行時はエンジンが最高効率となるよう発電機とモータの回転を制御する。また，必要に応じバッテリーへの充電も行う。
- 減速時にはモータを発電機として用いてエネルギー回生を行う。

b) 高出力モータ制御：

電圧波形と変調率　　プリウスではモータ出力を向上させるために，従来の**正弦波 PWM** に加えて，**過変調 PWM** および**矩形波（方形波）**によるモータ駆動を採用している。

モータの出力に寄与する電圧成分は基本波成分である。インバータの出力電圧波形を歪ませることにより電圧の基本波成分を増大させて，モータ出力を向上させることができる。**表 7.5** はインバータの電圧波形と変調率を示している。ここで変調率とはインバータの電源電圧に対する出力電圧波形の基本波成分の割合を示す。**図 7.42** に PM モータを 3 種類の電圧波形で駆動した場合の各電圧波形の適用領域を示す。

表 7.5　インバータの電圧波形と変調率

	正弦波 PWM	過変調 PWM	矩形波（1 パルス）
電圧波形〔m〕			
変調率	0〜0.61	0.61〜0.78	0.78

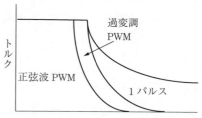

図 7.42　各電圧波形の制御領域

矩形波（方形波）は，理論上最大の基本波成分を発生させることができる電圧波形である。電圧振幅は固定であるため，制御で操作できるのは電圧位相の

みであり，従来の電流制御は適用できない。

矩形波電圧位相制御　　PM モータを矩形波で駆動するために，電圧位相のみの操作によりトルク制御を行う方法が開発された。PM モータのトルクと電圧位相には**図 7.43** の関係がある。図中で電圧位相を進めるとトルクが増大する関係となる領域が存在する。この領域では電圧位相のみの操作によりトルクを制御することが可能である。

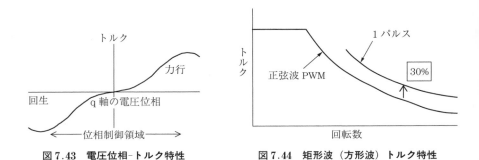

図 7.43　電圧位相-トルク特性　　　　　図 7.44　矩形波（方形波）トルク特性

　本制御を適用することにより，モータ，インバータ，電池を変えることなしに出力が約 30 ％ 向上した（**図 7.44**）。

　直流オフセットフィードバック：PM モータでは電圧位相を制御するために角度センサを用いているため，センサ誤差の影響により電流がオフセットするという PM モータ固有の現象がある。PM モータの電流に直流オフセットが重畳すると，磁石に回転同期の交番磁界が加わるため渦電流が発生して過熱，効率の低下や磁石が減磁する恐れがある。この現象の対策としてモータ電流のオフセット分を検出してスイッチングタイミングを補正する方式が考案され，適用されている。

c）　可変電圧システム：

　システムの特徴　　モータの出力向上手段の一つとして，インバータ電源電圧（システム電圧）を高くする方法が考えられる。しかし，電池のセル数を積み増して電池電圧を高くすると，電池の体格とコストが上がる。また，電池の特性は電力を取り出す（放電）と内部抵抗により電圧が低下するため，大出力

がほしいときに高い電圧が得られない特性となっている。反面，充電時には電圧が上昇するため，インバータ素子などの部品耐圧を必要以上に高くしなければならず，体格とコストが不利となる。そこで，電池電圧をそのまま利用するのではなく，新規に**昇圧コンバータ**を追加して電池電圧を高電圧に変換する可変電圧システムが開発された。**図7.45**にTHSに適用した場合のシステム構成とエネルギーフローの一例を示す。本例では約200Vの電池電圧を500Vにまで昇圧している。

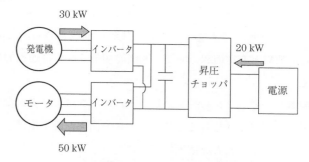

図7.45 可変電圧システムのエネルギーフロー

可変電圧システムは，従来システムに対して昇圧コンバータを追加するため，部品点数や体格の増大，昇圧コンバータ分の損失が増加するというデメリットが考えられる。したがって，それ以上のメリットがなければシステムとして成立しない。発電機とモータを持つTHSでは，モータに供給する電力は発電機からの供給が主であり，電池からの供給電力は相対的に小さいという特徴がある。図7.45のようにモータ出力が50kWの場合でも，発電機からの電力が30kW供給されれば，電池電力は20kWで済む。昇圧コンバータを経由する電力は電池からの供給電力であるため，モータ出力に対して比較的小さな容量の昇圧コンバータで十分である。新規に追加される昇圧コンバータ分の体格増・コスト増よりも，モータ，インバータ，電池など既存部品の体格減・コスト減のメリットのほうが大きくなる。したがって，可変電圧システムはTHSと非常に相性の良いシステムといえる。

図7.46に昇圧コンバータの回路図を示す。回路部は1対のIGBT，リアク

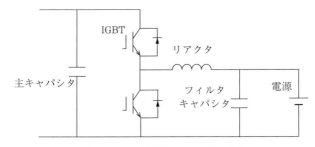

図 7.46 可変電圧システム回路図

タ，メインコンデンサ，フィルタコンデンサから構成される。この回路方式
は，電池からの放電と充電の双方向を，回路の切替えなしに連続的に動作可能
となっている。

　可変電圧制御　　昇圧コンバータの制御は，モータおよび発電機の動作状態
に応じて電圧を連続可変させることでシステムの損失を最小限にしている。モ
ータシステムで発生するおもな損失は以下の四つである。

- ・モータ損失（銅損＋鉄損）
- ・インバータ損失（オン損失＋スイッチング損失）
- ・昇圧 IGBT 損失（オン損失＋スイッチング損失）
- ・昇圧リアクトル損失（銅損＋鉄損）

これらはいずれも電圧の影響を受けるため，電圧を最適に制御することで損失
の最小化が可能となる。

　モータ損失はモータコイルに流れる電流が小さいほど損失も小さくなる。モ
ータの誘起電圧よりもシステム電圧が低くなると，弱め界磁制御となって電流
が増加してしまうので，システム電圧を誘起電圧よりも高く設定する必要があ
る。

　インバータ損失は電流が小さいほど，電圧が低いほど損失は小さくなる。電
流最小の条件はモータが弱め界磁制御にならない条件であって，モータ損失の
場合と同じである。ただし，スイッチング損失は電圧が高いほど増大するの
で，損失最小の条件としては弱め界磁制御に移行しない最低の電圧にするこ

と。すなわちシステム電圧と誘起電圧をほぼ同じとすることである。

　昇圧コンバータの損失は電流が小さいほど，電圧が低いほど損失は小さくなる。昇圧コンバータの電流は電池電流と同じである。電池電流の最小条件はシステム損失が最小となる場合なので，モータ損失，インバータ損失が最小となる条件と考えてよい。

　以上より，システム損失を最小にする条件はシステム電圧をモータの誘起電圧とほぼ同じにすることである。誘起電圧はモータの動作状態（回転数，トルク）によって変化するため，モータの動作状態に応じてシステム電圧を可変に制御すれば損失を最小とすることができる。

　評価結果：可変電圧システムを採用した新モデル（THS II）は，旧モデル（THS）に対し出力において 33 kW から 50 kW と約 1.5 倍の向上を見た。

d）　ま　と　め：

・HV のモータを高出力化するモータ駆動技術として高出力モータ制御と可変電圧システムについて述べた。

・高出力モータ制御は矩形波電圧でモータを駆動することで出力を 30 ％ 程度向上することができる。矩形波電圧を PM モータに適用するために二つの技術開発がなされた。一つは矩形波電圧位相制御，もう一つは電流オフセットフィードバック制御である。

・可変電圧システムは昇圧コンバータによって電池電圧を高電圧に変換することにより出力を向上させることができる。本システムは THS と相性の良いシステムである。モータの動作状態に応じて電圧を可変に制御することで高出力と低損失を両立させることができる。

（4）　e-POWER の例

a）　e-POWER のパワートレイン：e-POWER は日産自動車が開発したハイブリッドシステムで，シリーズ HEV の構成をとる[24),25)]。e-POWER はその制御に特徴を持ち，車速が低く静かな走行状態ではエンジンを停止させバッテリー電力で走行し，車速が高く走行時の騒音が大きくなる運転状態では，エンジンによる発電を行い，バッテリーを充電する。e-POWER は EV と同

じく，すべて電動モータによって駆動される。100％モータ駆動により，モータの持つ高い制御応答性を活用してスムーズでクイックな加速を実現し，減速時はモータの回生トルク制御により，高効率なエネルギー回生と滑らかな減速度を実現している。シリーズ HEV の構成では，大出力モータと発電機，それらのインバータを必要とするが，インバータの小型化によってコンパクトカーにも搭載できる部品のサイズが実現できている。e-POWER のシステム構成を**表7.6** に示す。

表7.6　e-POWER のシステム構成

電気自動車	e-POWER	パラレル HEV
100％ モータ駆動 大出力モータ	100％ モータ駆動 大出力モータ	エンジン＋モータ駆動 小出力モータ

b） e-POWER の発電システム：**図7.47** はエンジンの回転数とトルクの効率マップの上に，あるパターンで車両が走行した際のエンジンの回転数とトルクの動作頻度のイメージを円の大きさで示している。通常のエンジン車での動作点，従来 HEV の動作点，e-POWER での動作点で比較すると，通常のエンジン車ではエンジン回転は車両の速度とギアの減速比で決まるため，エンジンの効率の高い領域での運転は十分にできない。従来の HEV の例では，通常のエンジン車よりもエンジン効率の高い領域での動作頻度が増やせるが，エ

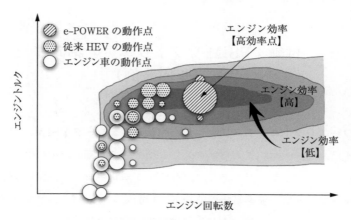

図 7.47 e-POWER のエンジン動作点

ンジンで車輪を直接駆動する動作を持つため，最も効率の良い動作点での動作頻度は高くない。e-POWER ではエンジンの出力は発電機のみに接続され，車輪の回転にエンジンの回転は依存しないため，最良のエンジン燃費の動作点で発電することができ，その動作頻度を高めることができる。

　e-POWER の特徴をまとめると，EV と同様な 100 %のモータ駆動による駆動力制御の応答性の良さを持ち，エンジンは最も効率の良い動作点での発電による良燃費を実現し，発電タイミングの制御によりエンジン騒音を感じさせない静粛性を備えている。

付録：PSIM ソフトウェアの紹介
（サンプル回路例）

★パワーエレクトロニクスに特化した回路シミュレータ PSIM

PSIM は，パワーエレクトロニクスおよびモータ制御のために開発されたシミュレーションパッケージであり，高速のシミュレーション，使いやすいユーザインターフェイス，波形解析機能などの特徴により，パワーエレクトロニクスの解析，制御系設計，モータドライブの研究などに強力なシミュレーション環境を提供する。パワーエレクトロニクスでよく用いる回路素子モデルが豊富なこと，ディジタル制御系のシミュレーションも対応できること，外部 DLL ブロックを使用することでユーザ独自のモジュールを作成可能なことにより，基礎から応用まで幅広いシミュレーションに対応可能である。

PSIM は，Powersim 社の製品であるが，国内販売代理店は Myway プラス（株）であり，同社の web ページより無料で使用可能な PSIM デモ版をダウンロードすることができる。2021 年 8 月現在の最新バージョンは PSIM Ver. 2021a となっている。デモ版は，使える素子数が 34 個まで，波形表示は 6 000 ポイントまで，サブサーキットや C ブロック機能を使用することができない，一部のモジュールが使用できないなどの機能制限があるが，それ以外は製品版と同じ機能が揃っているため，パワーエレクトロニクスの初期学習を行うには十分である。本書でサンプルに示している回路は，PSIM デモ版で実行可能であるので，下記 web ページからダウンロードし，ぜひ試してほしい。

- Myway プラス（株）（製品紹介：PSIM のページ）
  https://www.myway.co.jp/products/detail.php?id=266
- Powersim 社
  https://powersimtech.com/

★ PSIM シミュレーションの流れ

（1）　**シミュレーション回路作成**　　PSIM 回路接続エディタにおいて，素子モデルを選んで配置し，ワイヤで結線して回路図を作成する。MOSFET やIGBT などのスイッチングデバイスを使用する場合には，制御回路を併せて作成する必要があり，ゲート端子に制御信号を入力するように構成する。各素子をダブルクリックするとパラメータ設定ウィンドウが開くので，それぞれ所望の値を入力する。接地（ground）素子をシミュレーションの基準電位となる箇所に忘れずに設置する。

（2）　**測定ポイント設定**　　波形を観測したい点に，電圧計や電流計などの素子モデルを設置する。リアルタイムに波形を観測するスコープも用意されている。

（3）　**シミュレーション条件設定**　　シミュレーション時間の設定を行う。タイムステップや総時間，波形の表示時間などを観測したい波形に合わせて，適切に設定する。ここまでできればシミュレーションの準備は完了であり，例として三相インバータを作成した場合のシミュレーション回路図は**付図1**のようになる。

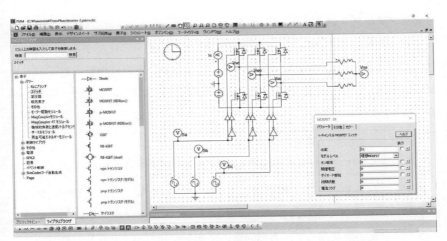

付図1　PSIM 上での三相インバータのシミュレーション回路図

（4）　**実行と波形表示**　　シミュレーションを実行し，回路図や設定に問題
がなければ，波形観測用ソフトウェア SIMVIEW が立ち上がり，測定ポイン
トの波形を表示することができる（**付図2**）。SIMVIEW には波形を表示する
さまざまな機能があり，振幅や実効値，平均値などの表示や，FFT による波
形の周波数解析も可能である。

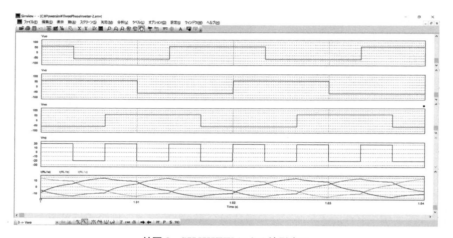

付図2　SIMVIEW による波形表示

★サンプルプログラム

本書の各章に掲載されている回路の PSIM サンプルプログラムが（株）コ
ロナ社の web ページからダウンロード可能である。本書に掲載されていない
波形の確認やさまざまな条件でのシミュレーションなどに活用頂き，理解を深
めてほしい。

（株）コロナ社　本書紹介ページ
https://www.coronasha.co.jp/np/isbn/9784339009804/

PSIM には非常に多くの機能があるが，使い方を解説した書籍[1]や動画，
web ページが多数存在し，多くの情報を得られる状態になっている。ぜひこ
のソフトウェアを活用して，各種回路の動作を自分の手で確認してほしい。

引用・参考文献

●1章

1) W. Newell：Power Electronics-Emerging from Lomb, IEEE Trans. IA-10, No.1, pp.7-11 (1974)

2) F. G. Turnbull：Selected Harmonics Reduction in Static DC-AC Inverters, IEEE Trans. Comm. Elect. **83**, pp.374-378 (1964)

3) R. G. Hoft（著），河村篤男，松井景樹，西條隆繁，木方靖二（訳）：基礎パワーエレクトロニクス，コロナ社 (1988)

4) 河村篤男：現代パワーエレクトロニクス，数理工学社 (2005)

5) 東芝ライテック：LED ベースライト TENQOO ハイグレードタイプの高効率化，東芝レビュー，**74**-2, p.70 (2019)

●2章

1) 電気学会 半導体電力変換方式調査専門委員会（編）：半導体電力変換回路，オーム社 (1987)

2) 電気学会 半導体電力変換システム調査専門委員会（編）：パワーエレクトロニクス回路，オーム社 (2000)

3) R. G. Hoft（著），河村篤男，松井景樹，西條隆繁，木方靖二（訳）：基礎パワーエレクトロニクス，コロナ社 (1988)

4) 舟木　剛：システムインテグレーションに向けてスイッチングデバイス，電気学会誌，**140**-7, pp.416-419 (2020)

5) 山口浩二，石川勝美，笹谷卓也，高尾和人，高木茂行，高橋　理，中村　孝，増田　満，山本一成，山本秀和：SiC/GaN デバイスとその駆動技術における最新研究開発動向，平成 29 年電気学会全国大会，4-S9-2 (2017)

6) 田中保宣（監修）：次世代パワー半導体デバイス・実装技術の基礎—Si から新材料への新展開—，科学情報出版 (2021)

●3章

1) 電気学会 半導体電力変換方式調査専門委員会（編）：半導体電力変換回路，オーム社 (1987)

2) 電気学会 半導体電力変換システム調査専門委員会（編）：パワーエレクトロニクス回路，オーム社 (2000)

3) R. G. Hoft（著），河村篤男，松井景樹，西條隆繁，木方靖二（訳）：基礎パワーエレクトロニクス，コロナ社 (1988)

●4章

1) 平沙多賀男：パワーエレクトロニクス，共立出版（1992）

2) R. G. Hoft（著），河村篤男，松井景樹，西條隆繁，木方靖二（訳）：基礎パワーエレクトロニクス，コロナ社（1988）

3) 電気学会：電気工学ポケットブック，オーム社（1990）

4) 杉本英彦，小山正人，玉井伸三：ACサーボシステムの理論と設計の実際，総合電子出版（1990）

5) 正田英介（監修），楠本一幸（編）：パワーエレクトロニクス，オーム社（1999）

6) 矢野昌雄，打田良平：パワーエレクトロニクス，丸善（2000）

7) 武田洋次，松井信行，森本茂雄，本田幸夫：埋込磁石同期モータの設計と制御，オーム社（2001）

8) 堀　洋一，寺谷達夫，正木良三：自動車用モータ技術，日刊工業新聞（2003）

9) 堀　孝正（編著）：パワーエレクトロニクス，オーム社（1996）

10) エレクトリックマシーン＆パワーエレクトロニクス編纂委員会（編）：エレクトリックマシーン＆パワーエレクトロニクス，森北出版（2004）

11) A. Nabae, I. Takahashi, and H. Akagi，：A New Neutral-Point-Clamped PWM Inverter, IEEE Trans. Ind. Appl, **17**-5, pp.518-523（1986）

12) V. Guennegues, B. Gollentz, F. Meibody-Tabar, S. Raël, and L. Leclere：A Converter Topology for High Speed Motor Drive Applications, European Conference on Power Electronics and Applications（EPE）2009（2009）

13) T. Bruckner, S. Bernet, and H. Guldner：The active NPC converter and its loss-balancing control, IEEE Trans. Ind. Electron., **52**-3, pp.855-868（2005）

14) T. A. Meynard and H. Foch：Multi-level conversion High voltage choppers and voltage-source inverters, IEEE PESC' 92, pp.397-403（1992）

15) P. W. Hammond：A New Approach to Enhance Power Quality for Medium Voltage AC Drives, IEEE Trans. Ind. Appl., **33**-1, pp.202-208（1997）

16) 羽田野伸彦，山田正樹，岩田明彦，菊永敏之：階調制御型瞬低補償装置における相間エネルギー流用制御，電学論 D，**125**-1，pp.38-45（2005）

17) H. Akagi：Classification, Terminology, and Application of the Modular Multilevel Cascade Converter（MMCC）, IEEE Trans. Power Electron., **26**-11, pp.3119-3130（2011）

18) 電気学会 半導体電力変換システム調査専門委員会（編）：パワーエレクトロニクス回路，オーム社（2000）

19) 河村篤男：現代パワーエレクトロニクス，数理工学社（2005）

20) 唐木利春，星　伸一，大口國臣：リアクトル結合多レベル電圧形3相インバータの空間ベクトル，電気学会論文誌 D，**118**-7/8，pp.955-956（1998）

21) 金　東海：パワースイッチング工学（改訂版）―パワーエレクトロニクスの中核理論―，電気学会（2014）

● 5 章

1) 平沙多賀男：パワーエレクトロニクス，共立出版（1992）

2) R. G. Hoft（著），河村篤男，松井景樹，西條隆繁，木方靖二（訳）：基礎パワーエレクトロニクス，コロナ社（1988）

3) 河村篤男：現代パワーエレクトロニクス，数理工学社（2005）

4) 電気学会：電気工学ポケットブック，オーム社（1990）

5) 杉本英彦，小山正人，玉井伸三：AC サーボシステムの理論と設計の実際，総合電子出版（1990）

6) 正田英介（監修），楠本一幸（編）：パワーエレクトロニクス，オーム社（1999）

7) 矢野昌雄，打田良平：パワーエレクトロニクス，丸善（2000）

8) 武田洋次，松井信行，森本茂雄，本田幸夫：埋込磁石同期モータの設計と制御，オーム社（2001）

9) 堀　洋一，寺谷達夫，正木良三：自動車用モータ技術，日刊工業新聞（2003）

10) 堀　孝正（編著）：パワーエレクトロニクス，オーム社（1996）

11) エレクトリックマシーン&パワーエレクトロニクス編纂委員会（編）：エレクトリックマシーン&パワーエレクトロニクス，森北出版（2004）

12) 植杉通可，金澤秀俊，蛭間淳之，宮崎　浩，神戸崇幸：力率改善型エアコン用単相倍電圧コンバータ回路，電気学会論文誌 D（産業応用部門誌），**119**-5，pp.592-598（1999）

13) 電気学会 半導体電力変換システム調査専門委員会（編）：パワーエレクトロニクス回路，オーム社（2000）

14) 星　伸一，大口國臣：単相マルチレベル整流回路の遺伝的アルゴリズムを用いた高調波成分制御法，電気学会論文誌 D（産業応用部門誌），**126**-1，pp.88-89（2006）

● 6 章

1) 電気学会 直流送電専門委員会（編）：直流送電技術解説，コロナ社（1978）

2) 今井孝二（監修）：パワーエレクトロニクスハンドブック，基礎編第2章2.5節，R&D プランニング（2002）

3) 電気学会 電気規格調査会標準規格：サイリスタ交流電力調整装置　JEC-2420

4) 電気学会 静止形無効電力補償装置の省エネルギー技術調査専門委員会：静止形無効電力補償装置の省エネルギー技術（4章），電気学会技術報告，第973号（2004）

5) P. W. Wheeler, J. Rodríguez, J. C. Clare, L. Empringham, and A. Weinstein, "Matrix Converters: A Technology Review", IEEE Trans. Ind. Electron., Vol. 49, No. 2, 2002

6) 金　東海：パワースイッチング工学（改訂版）―パワーエレクトロニクスの中核理論―，電気学会（2014）

● **7章**

1) 電気学会 半導体電力変換方式調査専門委員会（編）：半導体電力変換回路，オーム社（1987）

2) 三菱電機(株)webページ（第7世代 IGBT モジュール　T/T1 シリーズ　アプリケーションノート）：
https://www.mitsubishielectric.co.jp/semiconductors/files/manuals/igbt_t_note_j.pdf

3) (株)日立パワーデバイス web ページ（高耐圧 IGBT モジュール取扱説明書，資料番号 No. IGBT-HI-00002 R2)：
https://www.hitachi-power-semiconductor-device.co.jp/products/igbt/pdf/aplj_r2.pdf

4) 富士電機(株)web ページ（富士 IGBT Application Manual RH984f)：
https://www.fujielectric.co.jp/products/semiconductor/model/igbt/application/box/doc/pdf/RH984e/RH984f_JP.pdf

5) 山崎　浩：よくわかるパワー MOSFET/IGBT 入門，日刊工業新聞社（2002）

6) 電気学会 半導体電力変換システム調査専門委員会（編）：パワーエレクトロニクス回路，オーム社（2000）

7) 今井孝二（監修）：パワーエレクトロニクスハンドブック，基礎編第3章6.3節，R&D プランニング（2002）

8) A. Kawamura, H. Fujimoto, T. Yokoyama：Survey on the real time digital feedback control of PWM inverter and the extension to multi-rate sampling and FPGA based inverter control, The 33rd Annual Conference of the IEEE Industrial Electronics Society (IECON), pp.2044-2051, Taipei, Taiwan (Nov.2007)

9) 河村篤男：現代パワーエレクトロニクス，数理工学社（2005）

10) M. Kinoshita, M. Nakanishi, Y. Yamamoto：High Efficiency Double Conversion Uninterruptible Power Supply, Proc on IPEC Niigata（2005）

11) 山田，鈴木，岩田，菊永，吉安，山本，羽田野：階調制御型瞬停補償装置の提案，電学論 D, **125**-2, pp.119-124（2005）

12) 横山智紀，田中　進：200 kW オンサイト型燃料電池インバータの製品化，電気学会全国大会（1996）

13) 町田武彦（編著）：直流送電工学，東京電機大学出版局（1999）

14) 新井卓郎ほか：新北海道本州連系設備向けに適用した 250 kV-300 MW 自励式変換器の機能，6-340，平成 31 年電気学会全国大会論文集（2019）

15) M. MORI et.al.：Functions and Commissioning test of New Hokkaido-Honshu HVDC Link, B 4-127, CIGRE Paris（2020）

16) 電気学会：電気学会 125 年史，pp.606-607（2013）

17) 電気学会：自動車用次世代電源システムのロードマップ，1.2 節，第 1 049 号（2006.3）

18) T. Teratani：Vehicle Energy Management and Higher Voltage 42 V for New Generation, 2nd International Congress on 42 V Power Net（2000）

19) 電気学会：自動車用パワーエレクトロニクス調査専門委員会技術報告，第 1106 号（2007）

20) M. Okamura, E. Sato, S. Sasaki：Development of Hybrid Electric Drive System Using a Boost Converter, EVS-20（Nov.2003）

21) K. Shingo, K. Kaoru, T. Katsu, Y. Hata：Development of Electric Motors for the TOYOTA Hybrid Vehicle "PRIUS", EVS-17（Dec.2000）

22) H. Nakai, E. Sato, H. Ohtani, Y. Inaguma：Development and Testing of the Torque Control for the Permanent-Magnet Synchronous Motor, Proc. IEEE IECON' 01, pp.1463-1468（2001）

23) 河村篤男：自動車分野でのパワーエレクトロニクスの技術開発と利用，電気評論，pp.44-58（2007.6）

24) 木村　誠，風間　勇，河合恵介，向善之介，關　義則，衛藤聡美：新世代ハイブリッドパワートレイン"e-POWER"の開発，日産技報，No. 80, pp.6-14（2017）

25) K. Yoshimoto and T. Hanyu：NISSAN e-POWER：100% Electric Drive and Its Powertrain Control, IEEJ Journal of Industry Applications, **10**-4, pp.411-416（2021）

●付録

1) 日本パワーエレクトロニクス協会（編）：ゼロからわかる回路シミュレータ PSIM 入門，コロナ社（2019）

章末問題の略解

一部の問題については詳しい解答を（株）コロナ社の web ページ
(https://www.coronasha.co.jp/np/isbn/9784339009804/) に掲載しています。

●1章

【1】 略

【2】 略

【3】 平均値＝0，実効値＝$\dfrac{A}{\sqrt{2}}$

【4】 $p(t)=VI\cos\omega t\cos(\omega t+\phi)$，$P=\dfrac{VI}{2}\cos\phi$

【5】 $p(t)=EI$，$P=EI$

【6】 $i(t)=I\sin\omega t$ のとき，$p(t)=RI^2\sin^2\omega t$，$P=\dfrac{RI^2}{2}$

　　　$i(t)=I$ のとき，$p(t)=RI^2$，$P=RI^2$

【7】 略

【8】 $A_n=0$，$B_n=\dfrac{4V}{n\pi}\cos n\theta$　（n が奇数のとき），$B_n=0$（n が偶数のとき）

【9】 $\text{THD}=\sqrt{\dfrac{(\pi-2\theta)\pi}{8\cos^2\theta}-1}$

●2章

【1】 （1）　$R_v=\dfrac{12-v_0}{v_0}\times 10$〔Ω〕　　（2）　$\eta=\dfrac{v_0}{12}\times 100$〔%〕　　（3）　略

【2】 （1）　略　　（2）　実効値＝7.75 V　　（3）　電力の平均値：60 W，5 V の電圧を加えた場合：25 W（理由：電力は電圧の2乗に比例するため）

【3】 略

【4】 （1）　略　　（2）　平均値 40 V，実効値 63.2 V　　（3）　$P_{\text{on}}=3.96$ W　　（4）　$P_{\text{sw}}=8.33$ W　　（5）　$\eta=96.9$ %　　（6）　略

【5】 （1）　$\dfrac{I_{\text{SW}_{\text{on}}}V_{\text{SW}_{\text{off}}}}{2}\Delta T$　　（2）　3 倍

【6】 （1）　ターンオフ動作　　（2）　略　　（3）　安全ではない

【7】 （1）　$T=10\ \mu\text{s}$，$T_{\text{on}}=8\ \mu\text{s}$，$T_{\text{off}}=2\ \mu\text{s}$　　（2）　略　　（3）　平均値 $V_{\text{ave}}=160$ V，実効値 $V_{\text{RMS}}=179$ V　　（4）　略　　（5）　550 mA　　（6）　$P_{\text{on}}=32$ W　　（7）　$P_{\text{sw}}=267$ W　　（8）　$\eta=90.7$ %　　（9）　$f_{\text{sw}}=12$ kHz

【8】 （1）　Q オン：$I_{\text{on}}=15$ A，D オフ：$V_{\text{off}}=-100$ V

（ 2 ）　Q オフ：$V_{off}=100\,V$，D オン：$I_{on}=15\,A$

【 9 】　（ 1 ）　Q_1 オン：$I_{on}=5\,A$，　Q_2 オフ：$V_{off}=200\,V$，D_1 オフ：$V_{off}=0\,V$，D_2 オ
フ，$V_{off}=-200\,V$

（ 2 ）　Q_1 オフ：$V_{off}=200\,V$，Q_2 オフ：$V_{off}=0\,V$，D_1 オフ：$V_{off}=-200\,V$，
D_2 オン：$I_{on}=5\,A$

（ 3 ）　Q_1 オフ：$V_{off}=200\,V$，Q_2 オフ：$V_{off}=0\,V$，D_1 オフ：$V_{off}=-200\,V$，
D_2 オン：$I_{on}=5\,A$

【10】　（ 1 ）　a ）　Q_1 オフ：$V_{off}=150\,V$，Q_2 オフ：$V_{off}=50\,V$，D オン：$I_{on}=20\,A$

b ）　Q_1 オン：$I_{on}=20\,A$，Q_2 オフ：$V_{off}=-50\,V$，D オフ：$V_{off}=-50\,V$

c ）　Q_1 オフ：$V_{off}=100\,V$，　Q_2 オン：$I_{on}=10\,A$，D オン：$I_{on}=20\,A$

d ）　Q_1 オン：$I_{on}=20\,A$，Q_2 オフ：$V_{off}=-50\,V$，D オフ：$V_{off}=-50\,V$

（ 2 ）　$I_x=10\,A$

● 3 章

【 1 】　略

【 2 】　（ 1 ）　略　　（ 2 ）　$v_0=6\,V$，$i_R=\dfrac{v_R}{R}=\dfrac{6}{2}=3\,A$　　（ 3 ）　1 A　　（ 4 ）　略
（ 5 ）　略

【 3 】　（ 1 ）　図は略，$v_0=500\,V$，$i_0=50\,A$　　（ 2 ）　12 A　　（ 3 ）　図は略，125 A

【 4 】　（ 1 ）　$f_{sw}=33.3\,kHz$，$d=0.333$　　（ 2 ）　図は略，$-50\,V$　　（ 3 ）　5 A
（ 4 ）　略　　（ 5 ）　略

● 4 章

【 1 】　略

【 2 】　（ 1 ）　略　　（ 2 ）　$\displaystyle\sum_{m=1}^{\infty}\frac{4E}{(2m-1)\pi}\sin(2m-1)\omega t$　　（ 3 ）　略

【 3 】　略

【 4 】　$\dfrac{2\sqrt{3}}{\pi}E\left\{\sin\omega t+\displaystyle\sum_{m=1}^{\infty}\frac{(-1)^m}{(6m\pm1)}\sin(6m\pm1)\omega t\right\}$，図は略

【 5 】　ある相（例えば，v 相）を基準にした線間電圧（v_{vu}，v_{wv}）を指令値として，
PWM 制御によりスイッチのオンオフ信号を求める方法が考えられる（波形
は略）。

【 6 】　略

【 7 】　略

【 8 】　略

【9】 波形は略。

(1) ヒステリシスバンド幅を広げると，スイッチング周波数が低くなり，狭めるとスイッチング周波数が高くなる。

(2) RL 負荷の時定数を短くすると，スイッチング周波数が高くなり，時定数を長くすると，スイッチング周波数が低くなる。

【10】 略

● 5章

【1】 電流が流れるデバイスが切り換わること。

【2】 略

【3】 シミュレーション結果は略。L の追加により，入力力率は向上する。

【4】 シミュレーション結果は略。

(1) キャパシタインプット形整流回路のほうが波高値が高くなる。

(2) チョークインプット形整流回路のほうが入力力率が高くなる。

(3) 出力電圧は，負荷抵抗値の減少により，キャパシタインプット形整流回路では減少し，チョークインプット形整流回路ではほとんど変化しない。

【5】 略

【6】 略

● 6章

【1】 余弦関数の性質 $\cos(\pi-\alpha)=-\cos\alpha$ から，$\cos^{-1}(-x)=\pi-\cos^{-1}(x)$ が得られる。

この関係を用いて式 (6.4) を変形すると，次式のようになる。右辺の第 2 項は式 (6.3) の α に等しいことがわかる。

$$\cos^{-1}\left(-\frac{\pi}{3\sqrt{2}\,V}v^*\right)=\pi-\cos^{-1}\left(\frac{\pi}{3\sqrt{2}\,V}v^*\right)$$

したがって，$\alpha_N=\pi-\alpha$ が得られる。

【2】 略

【3】 $I_{\mathrm{rms}}=\dfrac{V_p}{R}\sqrt{\dfrac{1}{2\pi}\left\{(\pi-\alpha)+\dfrac{\sin 2\alpha}{2}\right\}}=\dfrac{V_p}{\sqrt{2}\,R}\sqrt{\dfrac{\pi-\alpha}{\pi}+\dfrac{\sin 2\alpha}{2}}$

索　　引

—— 編著者・著者略歴 ——

河村　篤男（かわむら　あつお）
1976 年　東京大学工学部電気工学科卒業
1981 年　東京大学大学院工学研究科博士課程修了（電気工学専攻）
　　　　　工学博士
1981 年　米国ミズーリ大学電気工学科 Post-Doctoral-Fellow
1983 年　米国ミズーリ大学 Assistant Professor
1986 年　横浜国立大学助教授
1996 年　横浜国立大学教授
2019 年　横浜国立大学名誉教授
　　　　　横浜国立大学寄付講座教授
　　　　　現在に至る

横山　智紀（よこやま　ともき）
1988 年　横浜国立大学工学部電気工学科卒業
1994 年　横浜国立大学大学院工学研究科博士
　　　　　課程後期修了（電子情報工学専攻）
　　　　　博士（工学）
1994 年　株式会社東芝勤務
1998 年　東京電機大学助手
1999 年　東京電機大学講師
2000 年　東京電機大学助教授
2007 年　東京電機大学准教授
2009 年　東京電機大学教授
　　　　　現在に至る

船渡　寛人（ふなと　ひろひと）
1987 年　横浜国立大学工学部電気工学科卒業
1989 年　横浜国立大学大学院工学研究科博士
　　　　　課程前期修了（電子情報工学専攻）
1989 年
〜91 年　東京電力株式会社勤務
1995 年　横浜国立大学大学院工学研究科博士
　　　　　課程後期修了（電子情報工学専攻）
　　　　　博士（工学）
1995 年　宇都宮大学助手
2001 年　宇都宮大学助教授
2007 年　宇都宮大学准教授
2012 年　宇都宮大学教授
　　　　　現在に至る

星　伸一（ほし　のぶかず）
1992 年　横浜国立大学工学部電子情報工学科
　　　　　卒業
1997 年　横浜国立大学大学院工学研究科博士
　　　　　課程後期修了（電子情報工学専攻）
　　　　　博士（工学）
1997 年　茨城大学助手
2005 年　茨城大学講師
2008 年　東京理科大学准教授
2014 年　東京理科大学教授
　　　　　現在に至る

吉野　輝雄（よしの　てるお）
1976 年　横浜国立大学工学部電気工学科卒業
1978 年　横浜国立大学大学院工学研究科修士
　　　　　課程修了（電気工学専攻）
1978 年　株式会社東芝勤務
2003 年　博士（工学）（横浜国立大学）
2003 年　東芝三菱電機産業システム株式会社
　　　　　勤務
　　　　　現在に至る

吉本　貫太郎（よしもと　かんたろう）
1997 年　横浜国立大学工学部電子情報工学科
　　　　　卒業
1999 年　横浜国立大学大学院工学研究科博士
　　　　　課程前期修了（電子情報工学専攻）
1999 年　東日本旅客鉄道株式会社勤務
2001 年　日産自動車株式会社勤務
2010 年　博士（工学）（横浜国立大学）
2020 年　東京電機大学准教授
　　　　　現在に至る

小原　秀嶺（おばら　ひでみね）
2010 年　千葉大学工学部電子機械工学科卒業
2015 年　千葉大学大学院工学研究科博士後期
　　　　　課程修了（人工システム科学専攻）
　　　　　博士（工学）
2015 年　首都大学東京特任研究員
2016 年　横浜国立大学助教
2019 年　横浜国立大学寄附講座講師
2021 年　横浜国立大学准教授
　　　　　現在に至る

パワーエレクトロニクス学入門（改訂版）
― 基礎から実用例まで ―
Introduction to Power Electronics (Revised Edition)
― from Fundamentals to Applications ―
　© Kawamura, Yokoyama, Funato, Hoshi, Yoshino, Yoshimoto, Obara　2009, 2022

2009 年 2 月 27 日　初版第 1 刷発行
2022 年 4 月 30 日　初版第 13 刷発行（改訂版）

検印省略	編 著 者	河　村　篤　男
	著　　者	横　山　智　紀
		船　渡　寛　人
		星　　　伸　一
		吉　野　輝　雄
		吉　本　貫太郎
		小　原　秀　嶺
	発 行 者	株式会社　コ ロ ナ 社
		代 表 者　牛 来 真 也
	印 刷 所	新日本印刷株式会社
	製 本 所	有限会社　愛千製本所

112-0011　　東京都文京区千石 4-46-10
発 行 所　株式会社　コ ロ ナ 社
CORONA PUBLISHING CO., LTD.
Tokyo Japan
振替 00140-8-14844・電話(03)3941-3131(代)
ホームページ　https://www.coronasha.co.jp

ISBN 978-4-339-00980-4　C3054　Printed in Japan　　　　　（松岡）